检察官妈妈

写给女孩的安全书

穆莉萍 著

北京理工大学出版社
BEIJING INSTITUTE OF TECHNOLOGY PRESS

版权专有　侵权必究

图书在版编目（CIP）数据

检察官妈妈写给女孩的安全书. 社会安全 / 穆莉萍著. -- 北京：北京理工大学出版社，2024.9
ISBN 978-7-5763-3977-2

Ⅰ.①检… Ⅱ.①穆… Ⅲ.①女性—安全教育—青少年读物 Ⅳ.① X956-49

中国国家版本馆 CIP 数据核字（2024）第 093884 号

责任编辑：李慧智　　文案编辑：李慧智
责任校对：王雅静　　责任印制：施胜娟

出版发行 / 北京理工大学出版社有限责任公司
社　　址 / 北京市丰台区四合庄路 6 号
邮　　编 / 100070
电　　话 /（010）68944451（大众售后服务热线）
　　　　　（010）68912824（大众售后服务热线）
网　　址 / http://www.bitpress.com.cn

版 印 次 / 2024 年 9 月第 1 版第 1 次印刷
印　　刷 / 唐山富达印务有限公司
开　　本 / 710 mm × 1000 mm　1/16
印　　张 / 11.25
字　　数 / 135 千字
定　　价 / 39.80 元

图书出现印装质量问题，请拨打售后服务热线，负责调换

愿每一位女孩都安全健康成长

青春期是美好的,安全健康地度过美好的青春期,我相信不仅仅是每个女孩的愿望,也是每个女孩父母的殷切期望。

安全对于成长的重要性我们都知道,但生活中涉及安全的因素或情形却是各种各样、纷繁复杂。当我们身处在这样的环境中时,如何判断现实是否具有危险性?如何能够尽可能有效地避免危险?如何能够尽可能有效地减少危害?如何在面临一些伤害时懂得运用有效的救助方法?

我是一名从事检察工作 20 多年的检察官,国家二级心理咨询师。在长期的检察办案工作中,接触到不少涉及未成年人的刑事案件,也因为检察官以及心理咨询师这两重身份,接触到许多涉及未成年人安全问题的民事、生活案例,了解到一些未成年人之所以会陷入危险,有时候是因为完全没有自我安全意识,有时候是因为安全方面的知识不足,有时候是自己把一些常识丢在脑后,有时候是因为心存侥幸……最终酿成自己不想要的后果。

安全问题在人生的每个阶段都存在,而女孩在成长过程中,除了男孩女孩共同需要掌握的一些安全防范知识之外,更需要了解和掌握一些针对女孩伤害的安全防范知识。

安全问题纷繁复杂,包罗万象,涉及面非常广,在这里我把涉及青春期成长中可能会遇到的安全健康问题重点分了五个类别:人身安全、心理健康、校园安全、社会安全、网络安全。

关于人身安全

人身安全涉及的情形比较多，有出门在外防盗防抢防拐卖的情况，也有专门针对女孩的一些人身伤害情形，等等。虽然有些伤害的发生概率可能并不是那么高，一旦发生，对女孩而言，就是百分之百的灾难，比如被拐卖、被传销组织非法拘禁等。还有一些人身伤害可能是我们主动进入危险环境而造成的，需要我们学习了解哪些场合、哪些情形对女孩造成人身伤害的风险特别高，从而提高我们避免风险的能力。我期待女孩看完《人身安全》分册之后能够明白，要保护好自身安全，首先是自己要做到遵纪守法，不做违法犯罪的事情，避免去一些高危场合；其次是在面对人身伤害时具有用法律武器保护自己和挽回损失的意识，并懂得有效求救的方法。

关于心理健康

身体健康很重要，心理健康和身体健康同样重要。我们在成长过程中会遇到各种挫折，可能是身体发育上的，可能学习上的，可能是同伴相处、家人相处方面的，也可能会是面临各种伤害、伤痛、离别、失去等等，这些必然会对我们心理健康成长造成影响。当我们懂得了一些心理学方面的正确知识，懂得照顾好自己的内心后，是可以把挫折和伤害事件变成我们成长的机会和源泉的。我期待女孩看完《心理健康》分册之后，可以收获一些心理学方面的正确知识，并在这些知识的指导下成长得更加健康和快乐。

关于校园安全

校园本来应该是一方净土，然而近年来仍有不少违法犯罪事件发生在校园，校园欺凌问题也时有发生，除了比较恶劣的肢体暴力欺凌之外，其他校园欺凌方式常常更具有隐蔽性，而这种"隐性伤害"特别是心理伤害是更加严重和深远的。另外，在校园中容易对女孩造成伤害的还有情感纠纷问题，等等。我期待女孩看完《校园安全》分册之后，除了自己不参与违法犯罪行为之外，还能够了解校园欺凌是什么，不当被欺凌者，更不做欺凌者。同时，学会如何预防发生在校园的故意伤害、意外事故伤害等。学会理性面对校园的情感纠纷，不伤害自己，不伤害他人，不被他人伤害。

关于社会安全

女孩踏入社会，因为现实的性别原因，在一些场景下，面临的伤害风险会更高，这些伤害除了会造成身体伤害，更严重的是可能会造成持久的心理伤害。不论处在什么样的生活和成长环境中，学会如何预防伤害事件的发生，特别是防范一些我们熟悉的日常场景中的伤害，应该是女孩在成长过程中的必修课。我在总结自己办理过的一些案件时，发现如果追溯到案件发生之前的某个节点，其实很多情形下都是可以避免伤害事件发生的。所以，掌握如何科学有效地预防伤害的知识，在面对伤害时，是能够更好地保护自己的。我期待女孩看完《社会安全》分册后，在针对女孩性别特殊伤害方面可以大幅提升自己的安全意识，并可以在现实社会中实现更加有效的自我保护。

关于网络安全

随着科技的发展，网络渗透到生活的方方面面，和我们生活已经密不可分，随之而来的一个社会现实就是网络诈骗以及和网络相关的各种犯罪活动呈逐年上升趋势。也就是说，女孩在成长的过程中，在这方面可能遇到的安全风险也越来越高。但在很多时候，如果我们知道了某些套路、懂得了某些心理，是可以避免这些风险的。我期待女孩看完《网络安全》分册后，在网络常识、信息安全方面可以大幅提升自己的安全意识，在遇到网络交友、网络诈骗、网络色情时可以避免或大幅降低受到伤害的风险。

在这套书中我写了许多案例，这些案例全部是我办理过或接触到的现实生活中真实发生的案例，当然这些案例都做了一些必要的处理，不会涉及侵犯隐私问题。我希望利用自己的专业知识，从这些真实发生过的案例中总结出一些建议，能真正帮助到读过这套书的每一个女孩。

世界卫生组织定义的青春期是 10～20 岁，这套书虽然是针对青春期女孩的安全问题而写，但女孩的安全绝不只是青春期才应该重视，安全教育在女孩每个人生阶段都不可忽视。感谢我的女儿在成长过程中给予我的关于女孩该如何保护自己的方方面面的反馈，也感谢其他所有给予过帮助的人！

亲爱的女孩，假如你看完书有想分享的案例或疑虑可以给我发邮件沟通（446454606@qq.com）。希望这套书可以为每一个女孩的健康成长播下一颗安全意识的种子，然后让安全意识长成参天大树，呵护女孩们健康成长！

穆莉萍

2023 年 8 月 8 日

第一章

学会辨别不同情形下的安全风险

1. 陌生人来问路，怎么辨别？ / 003
2. 陌生人的"好心"顺风车，该怎么预防风险？ / 010
3. 学习辨别"真好心"和"假好意" / 017
4. 奇怪的体检要求可能蕴含哪些风险？ / 024
5. 乘坐公交车，女孩如何机智防风险？ / 030

第二章

学会辨别针对女孩不怀好意的行为

1. 学会分辨不怀好意的行为很重要 / 039
2. 保护好身体隐私部位不可以随便给人看 / 046
3. 有人叫看"刺激"电影，会有危险吗？ / 053
4. 勇敢拒绝让人感觉"怪怪"的拥抱 / 059
5. 注意防范视频聊天中存在的风险 / 066
6. 遭遇骚扰，该怎么办 / 073

学会识破"糖衣"包裹的危险因素

1. 女孩更要有保护身体隐私的意识 / 081
2. 请记住，突破法律底线的表白不是爱 / 089
3. 青春期把握好男女相处的身体边界 / 095
4. 女孩拒绝他人的追求要讲究方式方法 / 102

牢记在特殊情形下的安全要点

1. 理性追星，提升自我保护能力 / 111
2. 识别游戏中也有针对女孩的伤害 / 118

3. 女孩如何把握在游戏中男女身体接触的边界 / 124

4. 如何勇敢面对意外变态惊吓？/ 131

不断学习正确保护自己的方式方法

1. 守住底线，让法律成为我们的保护神 / 141

2. 面对伤害，及时报案，勇敢保护自己 / 148

3. 预防伤害，要勇敢更要机智 / 155

4. 重建心理认知，做勇敢的自己 / 161

第一章

学会辨别不同情形下的安全风险

1

陌生人来问路，怎么辨别？

女孩的小心思

放学后，我和小伙伴在小区旁边的小公园玩跳绳，这时，有个孕妇过来问路，打听广泰路的医院怎么走。那家医院就在对面马路转角那边，我给她指了路，然后她又问我，可不可以帮她拿着袋子，送她过马路到转角那边。

我刚放下跳绳，准备帮她拿袋子带她过马路，旁边的一个小姐姐对我说："你奶奶在那边叫你呢，你让她自己去吧，很近的，不远。"然后向我使了一个眼色。

我心底有点疑惑，但还是放下那个孕妇的袋子，跟着小姐姐去找我奶奶了。

真奇怪，小姐姐为啥不让我帮人家？人家还是孕妇呢！

助人为乐是一种美德,但我们要明白,助人为乐中的"人"应该是真正需要帮助的人。某些居心叵测的坏人也会利用这一点来达到不可告人的目的,甚至是实施犯罪活动。

在检察官生涯中,我一直对很多年前办过的一个案件印象深刻,这个案件就是犯罪嫌疑人利用了被害人的善良。

犯罪嫌疑人许某(化名,男,29岁),曾因犯罪服刑5年释放。平时打零工,帮人做电工之类来维持生活。一天下午,许某骑着摩托车去一个村维修电线,在经过村口的时候,遇到被害人晓莹(化名,女,9岁),许某向晓莹问路某某村怎么走,晓莹告诉了许某。许某看见晓莹一个人,四周也没有其他人,于是继续和晓莹聊天,说那个村的电线线路坏了,自己赶时间去修理,想尽快修好,晚上村里就有电了,问晓莹可以不可以直接带他去。

晓莹觉得许某要帮助那个村快点修好电线是好事,于是答应带路。随后,许某把晓莹抱起来,让她坐在摩托车前面。但是许某没有去修电线,而是直接骑摩托车把晓莹带到自己

第一章 学会辨别不同情形下的安全风险

— 005 —

家，并打算将其卖给人贩子。

幸亏晓莹的父母报警及时，几天后晓莹获救。许某也被抓获，得到了严惩。

当问晓莹为什么会答应帮忙带路时，晓莹回答说，老师教育她们要学雷锋做好事，自己也愿意学习雷锋助人为乐。当时她知道某某村停电了，大家都希望快点修好电线，所以才答应带路，希望电工快点修好那个村的电线。晓莹完全没有想到有人会害她，根本没有这方面的防范意识。

由此可见，助人为乐是一种美德，我们应该学习，但对于未成年人而言，更需要了解在哪些情况下我们必须拒绝陌生人的请求。

| 第一章 | 学会辨别不同情形下的安全风险

助人为乐确实是一种美德，举手之劳可以帮助到他人，何乐不为？但作为未成年人，我们弘扬美德的同时也必须要提高辨别好坏的能力，要学习辨别他人提出的请求是否存在不合理的因素，是否存在不确定的安全风险。

带路这件事，单纯来看算是举手之劳。可不可以帮别人带路呢？可以帮！但更需要了解在什么情况下不可以帮！

当我们在自己熟悉的街区遇到有人问路，假如对方是简单问问什么地点怎么走，我们又知道路线，顺手指路，未尝不可。

但是，当对方提出"可以带我过去吗？"，这涉及我们的人身安全，一定要拒绝。为什么呢？

因为一般正常问路会选择身边方便的人，可能会是成年人也可能是未成年人。但假如是别有用心的人问路，会专门寻找机会向小朋友问路，但他们问路往往不是目的，而是想通过问路进一步诱骗这个小朋友。

所以，我们要懂得保护自己的关键就在于区分问路之后对方是什么态度。

问路之后,正常的人获得帮助后,会说一声"谢谢"就告别。但假如是别有用心的人,可能还会故意问其他问题,比如几岁啦、住在哪里呀、父母干什么工作呀等等,然后再说说自己的情况(这个情况一定是虚假的),熟络关系后,找一个理由请小朋友带路。这个"理由"有可能就是需要我们的帮助,也有可能承诺给我们一些小礼物或金钱,不管说什么,其核心目的就是把我们带离熟悉、安全的区域。

要知道危险可能就在这个时候发生,一旦我们跟着对方离开我们原来熟悉的、安全的地方,后果就不堪设想。所以能够保障我们安全的一个关键要点就是:**问路可以,带路千万不可以!**

还需要提醒的是,别有用心的人很会伪装。他们可能会伪装成孕妇、老人、残疾人等,表面上看起来让我们觉得弱势、可怜,似乎应该帮助他们。那当这部分我们看起来觉得"弱势、可怜"的人问路并提出帮助的请求时,我们该怎么帮助他们呢?

| 第一章 | 学会辨别不同情形下的安全风险

在我们回答完他们的问题后，假如他们还提出其他请求，我们需要记住：**自己不能直接去帮助他们，但我们可以去搬救兵！** 我们可以利用手机打报警、救护或救援电话，也可以马上跑开去寻找成年人到现场帮忙。

这样既可以帮到他人，又可以保护到自己。

陌生人的"好心"顺风车，该怎么预防风险？

女孩的小心思

朋友生日，请我一起去庆祝，吃完饭后，大家还相约去唱歌。朋友的朋友很多，唱歌的时候又陆陆续续来了一些不曾见过的人。

半夜11点了，家里人打电话来催我早点回家，不过聚会还没结束，我走过去和朋友道别。这个时候，在场有两个男士说自己也准备走了，问清我住哪个方向后，他们说刚好顺路，可以送我回家。

有顺风车，很方便，我要不要搭他们的车走呢？

第一章 | 学会辨别不同情形下的安全风险

亲爱的女孩，你可能会认为，在朋友生日晚会上认识的人，虽然是第一次见面，但也算是熟人的熟人，应该会比陌生人靠谱点。

但是我想对女孩说，这是你一厢情愿的想法，假如没有信赖的朋友给你介绍对方的具体情况，他们和陌生人其实是一样的，不可不防。

我一位当警察的朋友曾经跟我说过一个相关的案件。

被害人小柏（化名，女，14岁）放暑假了，父母平时要上夜班，对小柏管束比较少。一天，小柏约了朋友小华去逛街，逛了一会儿之后小华接到一个电话，说另外一个朋友过生日邀请她去唱歌。于是，小柏就跟着小华一起去唱歌了。唱歌的房间中有许多人，基本上都是小华朋友的朋友，小柏只认识这其中的两个人，大家唱歌唱得很开心，有几个人还在喝酒。

小柏认为有点晚了，说想先回去，但小华还想继续和朋友玩，于是问在场的人谁顺路带小柏回去。

这个时候，两个男孩戴某君（化名，18岁）和林某（17岁）说可以帮忙送，但只有一部摩托车，问小柏是否愿意坐。小柏心想现在已经很晚了，比较难搭车，既然有顺风车，也没有多想，便答应坐他们的摩托车回家。

检察官妈妈写给女孩的安全书
社会安全

坐摩托车的时候，由林某开车，戴某君提出小柏坐中间，说晚上开车，女孩子坐中间比较安全。小柏觉得有点道理，于是就这样，由林某和戴某君夹着小柏骑摩托车往小柏家的方向开去。但到了小柏家附近，小柏发现摩托车并没有停下来的意思，直接加速继续开。小柏便大喊大叫着想跳下车，但被戴某君在后面抱着控制住了。正巧小柏爸爸临时回家取东西，听到了女儿的声音赶忙骑摩托追上去，拦住了林某的摩托，并报了警。

在办理这个案件的过程中，我的朋友询问小柏为什么坐他们的车时，她表示当时觉得聚会认识的人也算是朋友的朋友，应该不会出这样的事。经此一事，小柏后怕不已。她还在办案中对小柏做了心理疏导。

那么，女孩子在什么情形下应该提高警惕，从而大概率降低被侵害的风险呢？

女孩随着年龄长大，社交圈子也会逐步扩大，会参加同龄朋友之间的一些聚会，当然在聚会场所也会认识一些新的朋友，这都是再正常不过的事情。

但对于初次认识的人，特别是在一些特殊场合接触的人，我们必须提高警惕。在初次见面时，一些个人信息也要有所保留，没必要把一些涉及个人安全的信息透露给刚认识且又不了解的人。

在一些聚会上，会有认识的朋友，也会有朋友的朋友，这个时候，其实邀请你参加聚会的朋友无法保证人和人的关系转了多少节，她对一些朋友带来的朋友也不一定了解，无法保证你在聚会上所接触的人都是可以信任的，对他们的人品也更加无从知晓和判断。

所以我们不能因为这个聚会场合是熟悉信任的朋友组织的，就以为来到这个聚会场合的人都可以信任。假如聚会场合人员情况复杂，我们更要为自己提个醒。

聚会结束准备回家时，确保自己安全的准则只有一个，问问自己：会不会搭乘一个陌生人的车回家？我相信在刻意询问的时候，女孩们大都不会选择搭乘陌生人的车。我们会对陌生人有一种天然的警惕心，这也是保障我们安全的基础。而在这种聚会场合第一次见面的人，实质上也就是陌生人。

参加完朋友聚会后，回家的时间比较晚了，该有哪些安全的选择呢？

首先，假如家里人有空，我们应该优先让家里人来接，安全系数最高。

其次，假如家里人没空，我们可以打电话给熟悉、信任的朋友来接，或者请朋友帮忙安排可以信任的人送我们回家，而不是随口问谁有空、谁方便就让谁送。

再次，假如找不到合适的、熟悉的、信任的朋友送，我们可以选择搭乘正规出租车，或者乘坐公交车等公共交通工具，这比随便搭乘陌生人的便车安全系数要高很多。因为这类交通工具的从业人员是经过公司或平台审核过的，对比之下，安全系数比我们随便搭乘陌生人的私家车要高得多。

另外还有一个风险是，我们的目的是要回家，而家庭地址在一定范围内适当要保密，不要随便让陌生人知道我们的具体住址。

亲爱的女孩，这个时候让父母来接你回家是最明智的选择。

3

学习辨别"真好心"和"假好意"

女孩的小心思

有一天，爸爸接我放学后，说公司临时有点事，先带我到他公司，让我在楼下的大堂等他。我正觉得无聊时，有个叔叔走进来看到我了，和我打招呼。我认出来他是之前来家里找爸爸谈过事情的那个黄叔叔，还送过我礼物。

黄叔叔走过来问我是否在等爸爸，我点点头，然后他就过来陪我聊天，问我饿了没，我又点点头，然后他说带我去隔壁商店买点吃的，再回来一起等爸爸吃晚饭。正说着，爸爸到大堂找我来了。不过，话说回来，如果爸爸没有赶过去，我可以跟这位叔叔去吗？

亲爱的女孩，在你没有和爸爸联系确认之前，我建议你不要跟黄叔叔去商场。虽然这个黄叔叔不一定就是坏人，但我们要有这样的防范意识，因为这是一个应该具备的安全习惯。

和你讲一个案例，你就明白了。这是我的检察官同人曾经办过的案件。

小牧（化名，女，12岁）家有一栋四层楼房，父母为了增加家庭收入，把下面两层用来出租，她们家住三楼四楼。

犯罪嫌疑人李某华（化名，男，29岁）租住了小牧家的房子，当时李某华提出用同伴的身份证签租赁合同半年，一次性给租金，小牧父母见到李某华很大方爽快，也就没要求李某华自己签。

小牧有时候会在楼下玩，自然也就和住在楼下的李某华认识了，李某华会买些水果、零食送给小牧，和小牧逐渐熟络起来。

李某华住了三个月后的一天，小牧父母发现女儿放学后很晚还没回来，于是到处去找都没有找到。第二天，发现楼下住户李某华也不见了。小牧父母觉得不对劲，马上报案提

第一章 | 学会辨别不同情形下的安全风险

供线索给公安机关。

后来公安机关经过查找比对，发现李某华是一名曾经有案底的社会人员，曾因犯抢劫罪被判过刑。公安机关经过查找，在一家小旅馆发现了犯罪嫌疑人李某华和小牧。

原来当天下午，小牧放学回家后发现自己忘了带钥匙，于是边在楼下玩边等父母回来，正好碰到刚和朋友喝完酒的李某华。李某华看到小牧后起了歹念，提出带小牧去吃东西。小牧说要告诉父母，李某华假装帮小牧打电话给她父母，然后欺骗小牧，说她父母知道这件事了，实际上，李某华根本没有打通电话。

李某华乘着这个机会把小牧拐骗到外地，并带小牧住进一家小旅馆。幸运的是，公安机关及时破案，解救出了小牧。

梳理这个案件的发展过程，是有一个关键点的：当有认识的人说要带我们离开我们所在的地方时，而我们的父母不在身边，我们该怎么做呢？

| 第一章 | 学会辨别不同情形下的安全风险

亲爱的女孩，当父母不在身边，没有得到他们的允许，对认识的人送给我们小礼物，我们到底要还是不要？

或许你也会疑惑，真心善意的礼物难道不应该接受吗？但现实案件中，确实存在着有人可能会以小礼物、小恩惠来诱惑、欺骗我们，那么又该如何预防和辨别呢？

在这里，检察官妈妈就以你所疑惑的情况，结合案例中小牧的遭遇来进行分析。

案例中，被害人小牧在遭遇不幸之前，有一个需要预防的安全关键点没有做到。犯罪嫌疑人李某华心起歹念想把小牧带离所居住的熟悉街道，不可能马上强行拉扯她走，因为一旦这个时候强行带走小牧，她肯定会有所反抗、大喊大叫等。周围环境中都是认识熟悉小牧的人，见到这种特殊情况一般不会不理，会上前询问怎么回事，或马上有其他认识的人过来围观，这个时候犯罪嫌疑人很难达成目的。所以他会想一些办法哄骗受害人，让其愿意跟着他先离开这个熟悉的环境，而最常见的哄骗方式就是假装好意为女孩买东西。

作为未成年人，这时候我们要牢记，没有父母的允许和安排，在父母不知情的情况下，不可以跟他人离开我们熟悉的生活环境。

在案件中犯罪嫌疑人李某华是小牧认识的人，他通过故意制造小牧父母知情的假象，假装打电话给小牧父母的方法来哄骗小牧。但是

检察官妈妈写给女孩的安全书

社会安全

小牧没有直接和父母通话，只是看见李某华有打电话的动作，但实际上李某华只是假装打电话，然后转述。请注意，正是因为当事人自己没有亲自和父母通电话，才给犯罪嫌疑人有了可乘之机。这是第二种常见的哄骗方式。

所以，我们要记住一点，当对方称我们父母知情或者受父母委托来带走我们，这个时候，不论情况是真是假，我们都必须要和父母核实，最简单的方法就是打通父母的电话，亲耳听到他们的安排。

假如遇到父母电话暂时无法接通，或者是占线，或者是没有信号的状态，而对方催促我们跟他走，这个时候我们更要提高警惕。 因为这个时候，对方往往会编造理由骗我们，比如说赶时间等。我们正确的做法是，不论对方是谁，说了什么，我们必须坚持要和父母通话，听从父母的安排和意见，最起码也要让父母知道是怎么一回事。

亲爱的女孩，黄叔叔是你认识的人，即使他是好人，带着好心和善意地送你东西，但在他提出带你去另外一个地方时，不论是什么理由，你也必须要打通父母的电话，亲自和父母讲一声，得到他们的允许后才可以。

这是保护我们自身安全的关键要点！父母是未成年人的监护人，他们比我们更能判断对方是否怀着好意，另外，让父母知道并确认我们的行踪，才能更好地保护我们自己。

4

奇怪的体检要求可能蕴含哪些风险?

女孩的小心思

和几个朋友去参加小模特招聘,有一个环节是要去招聘现场设置的体检室单独进行体检。

我进到房间后,医生关上门,让我把衣服全部脱掉,护士在旁边帮忙量身高以及手臂、腿长等。

虽然医生和护士也没做什么,但这样让我们脱光检查,怎么感觉怪怪的?

第一章 | 学会辨别不同情形下的安全风险

亲爱的女孩，我想告诉你，未成年人模特招聘的体检环节要求脱光衣服检查肯定是不合适的。在没有监护人陪同的情况下，任何人都不可以让未成年人这样脱衣服体检。假如遇到这样的情况，应该拒绝并马上告诉父母。

这次体检虽然如你所说，医生和护士都没做什么，似乎都是按照他们的工作程序在做体检，但这样的体验蕴含着非常大的风险，非常容易诱发猥亵、色情传播等侵犯女孩身体的案件。

我曾经办理过一个医生在检查妇女身体时涉嫌猥亵妇女的案件，你可以先听我讲讲这个案例，看看有没有令人警醒的地方。

小妃（化名，女，27岁）觉得自己隐私部位有点不舒服，她提前联系了一个之前看过的医生，但医生休假不在，于是她临时来到附近的一家医院。

这家医院是第一次来，不是很熟悉，挂了号正在四处张望，这时一个穿白大褂医生模样的人岑某（化名，男，30岁）过来问她有什么需要。她说要找医生做一下妇科检查，然后这个岑某医生就带小妃去了一个内科检查室，关门拉上帘子，准备做

妇科检查。

在躺下检查隐私部位的过程中,小妃觉得这次做检查和之前做检查感觉有些不同,而且检查的时间也比平时久,但又不是很确定,因为检查隐私部位肯定会有触碰。终于检查完了,小妃一转身,发现这个医生检查她的隐私部位时居然没有戴医用手套。这让小妃吓了一跳,又惊又怒,马上跳起来抓住他,问他刚才干了什么。

岑某辩解道,就是做检查,并打开门准备走。但小妃觉得不对劲儿,拉扯着岑某不让走。这时引来医院其他人围观,后来医院领导和工作人员来到,报警处理。

这个案例中,岑某一直辩解是正常妇科检查,但没办法解释检查过程中,没有佩戴医用手套,也没有提取妇检材料等违反医疗规则的事情,最后认定岑某构成猥亵妇女罪,被判处有期徒刑两年。

后来,该医院修改妇科检查制度,要求男医生在需要检查女病人隐私部位的时候,必须要有女护士在场作为助手。

成年女性尚会遭到这种伤害的风险,更何况未成年女孩?而女孩在遇到一些情形的时候,难以避免需要做体检、妇科检查等身体上及隐私部位的检查。假如一些活动中存在一些奇怪的体检,可能就蕴含比较高的伤害风险,那我们女孩该怎么分辨哪些是必要的且合理的身体隐私部位检查,哪些不是呢?

隐私部位和我们身体的其他部位一样，会生病、会不舒服，这时我们需要去看医生，呵护身体健康。比如当我们的眼睛感到不舒服，又疼又痒时，需要看医生，医生会按照医疗习惯和规定，翻看我们的眼睑，检查我们的眼睛，然后对症用药。隐私部位也一样，当出现不舒服的情况，我们也需要看医生，医生按照医疗规程检查隐私部位，然后对症用药，这些都是必要的。

但隐私部位又是特殊的部位，是不可以让人随便触碰的。下面我结合平时生活场景中遇到身体需要检查的几种情况，来帮大家辨别哪些检查是必要的，哪些又是不必要的，甚至有可能是涉嫌侵犯行为。

第一种情况 有关各类招录活动、升学等情况下的体检，都不会涉及重要隐私部位（包括乳房、阴部、屁股等部位）的检查和暴露。因为这类情况属于日常社会活动，身体体检属于一般常规的检查，不属于医疗活动，不应该要求暴露重要隐私部位进行检查，检查人员不能触碰我们的重要隐私部位。

在这类活动中，假如遇到检查人员要求暴露我们的重要隐私部位，

我们应该拒绝。假如遇到检查人员要检查触碰到重要隐私部位，我们应该马上制止并离开。

你和小伙伴在招录小模特活动中遇到要求脱光衣服检查身体的情况肯定是不合适的，需要把这件事告诉父母，让父母帮助我们了解这个小模特招录活动是否合乎国家相关规定，以避免以后可能出现更大风险。

第二种情况 当身体重要隐私部位感到不舒服需要看医生的时候，首先我们必须要明确，除在正规医院场所由正规医生检查之外，任何人（包括父亲在内）要求先行帮我们检查隐私部位，都是不可以的。

而且，作为未成年人，当确有必要需要由医生检查隐私部位的时候，

还必须有父母或其他成年监护人在场，这是为了更好地保障未成人的身体权益。在检查身体隐私部位的时候，只有父母或其他监护人在场，我们才能确保医生是在遵守医疗规范和流程的情况下，对身体重要隐私部位做检查。

案例中小妃是在医院由医生做检查，但医生岑某没有按照医疗流程和规定做，故意借医疗检查之机猥亵病人，岑某的行为涉嫌犯罪行为。

所以，我们要确保检查身体重要隐私部位是在正规医院由医生做符合医疗流程的正规检查，这类接触重要隐私部位的行为才可以称之为必要的。

5

乘坐公交车，女孩如何机智防风险？

女孩的小心思

外出坐公交车，上下车的人很多，大家挤来挤去。我站在车厢中间，感觉有个人用手臂碰了一下我的胸部，但没怎么在意。

但过了一会儿，觉得又有人用手臂碰到我的胸部，忍不住留意观察了一下，发现对方应该是旁边的一个男子，他在反复做着换手臂拉公交车吊环的动作。过了几分钟，他换手的时候，手臂又碰到我了，但他的脸朝着窗外，好像没事一样。

我只好往后面挪了一下，但很快地，他在换手臂时再次触碰过来，这时我觉得他应该是故意的，很讨厌。但车上人多又不太好意思说，只好自己往后退，还没到站就提前下车了。

这趟车我经常要坐的，再碰到这样的人，该怎么办呢？

第一章 学会辨别不同情形下的安全风险

在公交车或者地铁等公共交通工具上，女孩遇到这类"咸猪手"的情况不在少数，因为我自己和朋友外出坐公交车的时候，也曾经遇到过这样的情形。

　　一年夏天，有那么一段时间，我和朋友小聪需要坐公交车出去办事，每次需要坐七八站才能到目的地。

　　一次坐车时，朋友小聪总是往我这边靠，让我后挪一点，过一会儿又让我挪一点，我低声问她："干吗？"她小声告诉我下车再说。

　　下车后，她告诉我，她遇到了一个"咸猪手"。在公交车上，人多时彼此有点触碰很正常，但有个猥琐男用身体的隐私部位贴住小聪的大腿部，小聪刚开始以为是无意碰到，所以往旁边挪了挪，留出点空隙，但一会儿发现这个猥琐男又靠了过来，所以小聪赶快叫我下车。

　　下车后，我们一边表示真讨厌，一边又觉得特别生气。这猥琐男在公共场合做坏事，怎么搞得我们要忍气吞声偷偷逃离？这是公共场合，不合理呀！

　　于是我们商量了一下，假如下次再遇到类似的情况怎

做，最后我们决定展示一下自己高跟鞋鞋跟的威力。假如猥琐男再次靠近的时候，我们也假装转身，然后用高跟鞋鞋跟往猥琐男的脚面用力踩下去——假如他闹，我们也不客气，把事实真相都说出来；假如他识趣的话，那就当是给他点教训，让他自作自受好了。

果不其然，过了几天，在公交车上朋友再次遇到那个猥琐男故技重演，朋友真的展示了高跟鞋鞋跟的威力，结果那个猥琐男自知理亏偷偷逃离了。

针对这类公共场合陌生人"咸猪手"的行为，应当怎么预防和求救比较好呢？

在诸如公交车、地铁等人流密集的公共场合，人和人之间身体有触碰是不可避免的，有时甚至会有身体重要隐私部位被触碰的情形，我们需要区分这个触碰行为是正常的还是非正常的。

正常情况 从小我们就知道身体的隐私部位不能随便给人触碰，所以假如我们的隐私部位被触碰到，双方都会有感觉，并且会对此比较敏感。正因为这份敏感，假如是在人流多的公共场合无意间触碰到，在正常情况下，彼此都会很自然地离远点，避免再次碰到。也就是说，如果我们在人流多的公共场合，偶尔遇到这种无意触碰到隐私部位的行为，可以不必在意，保持身体距离就可以了。一般来说，在这种公共场合和谐相处即可，不会有其他伤害。

不正常情况 假如一而再、再而三地遇到来自同一人的这种触碰重要隐私部位的行为，女生就要明白，你应该是遇到"咸猪手"了，这是骚扰行为。

这类人不是针对某个特定对象有骚扰目的，而是适时寻找机会，哪个对象刚好在他的活动范围，就有可能被他侵犯，这么做只是为了满足他们个人畸形的性体验目的，特别是夏天的时候，更容易发生这样的事情。

这类人之所以会选择在人流多的公共场合寻找目标，做出"咸猪手"的行为，普遍存在这样一种心理认知：他们了解社会普通人群对性接触广泛存在羞耻的心理，一般情况下女生遭遇到这样的行为会有感到羞耻、不好意思，大概率会隐忍、逃离、躲闪，所以这样的现状也增加了他们频繁作案的胆量。

他们还有一个畸形心理需求，就是寻求性体验中可能被抓但没有被抓住的兴奋、刺激感觉，这是一种让人上瘾的畸形心理感受，所以这类人一般不会是初犯，绝大多数是惯犯。

了解到这些后，我们需要明白，这类人只要没有被抓住现形，他就有可能长期在这个公共区域作案。那我们最好的应对方式是什么呢？是勇敢反抗！我们可以直接呵斥并制止对方的行为。

因为这类行为是在人流多的公共场合。社会对公共安全的保障措施以及每个人对公共安全的需求，正好给了女孩可以勇敢反抗的安全基线。

● 假如对方明知理亏逃离，可视情况就此作罢。

● 假如对方强词夺理还倒打一耙，我们可以寻求身边人帮助，大声讲出对方刚才做了什么行为，并表明查看附近监控录像就可以证明，让对方知道自己的不轨行为不是单方否认就可以抹去的。这时对方大概率不会再纠缠，我们可以根据当时的具体情况，让对方道歉，也可以将对方转交相关工作人员或当地派出所处理。

针对这种人猥琐的性骚扰行为，女孩只有勇敢反抗，才能让他们不敢继续作案。

第二章

学会辨别针对女孩不怀好意的行为

1

学会分辨不怀好意的行为很重要

女孩的小心思

妈妈带我去亲戚家喝喜酒，大人们在忙着聊天和吃吃喝喝，小孩们则聚在一起玩。我和亲戚家的小朋友玩了一会儿，准备上楼去喝水，碰到了之前见过的一个大哥哥，大哥哥走路一拐一拐的，好像受伤了，他让我帮忙拎个手提包上楼。

见到他好像真是受伤了，于是我便帮他提了包上楼。他告诉我他是骑车摔的，屁股和手臂受伤了。听他描述当时摔倒的惨样，我被逗得哈哈大笑。到了房间门口，他让我进房间帮他看看屁股上的伤口是否严重，因为他看不到，然后他再决定是否请人来帮他上药。

这个大哥哥叫我帮忙看屁股的伤口，我觉得有点难为情，但他好像是真的受伤了，要不要帮忙呢？

亲爱的女孩，你感到为难并且觉得不好意思，这份为难的感觉其实就在提醒我们大哥哥这样的请求是不合适的。事实上成年人要求一个未成年女孩帮助看隐私部位的伤口，不只是不合适，更可能蕴含某种风险，因为对于一个正常的成年人来说，隐私部位受伤需要查看是不太可能让一个小女孩帮忙查看的，提出这样的帮忙要求本身就是不合情理的，所谓"事出反常必有妖"，我们虽然还不能确定这个人下一步会是否会采取进一步伤害你的行为，但我们应该认识到这是一种不恰当的行为，应该坚决拒绝。

而我在工作生涯中，就了解到现实中其实发生过通过类似方式诱骗未成年人的案件。

被害人小素（化名，女，14岁），因为身体柔弱，父母帮她报名参加了某拓展中心的体能训练课程，每个周末都会送小素到拓展中心训练。该拓展中心有提供洗澡的设施和场所，因为体能训练后身体出汗比较多，衣服也会比较脏，大部分孩子会在拓展中心洗澡和换洗衣服。

犯罪嫌疑人施某（化名，男，28岁），是该拓展中心的体能教练，经常会安排受训孩子帮他打扫自己的宿舍。有一天，

| 第二章 | 学会辨别针对女孩不怀好意的行为

  施某安排小素帮他打扫宿舍，施某当时后腰靠近臀部的位置皮肤过敏，需要擦药膏，于是施某拉下内裤让小素帮他在臀部擦药膏。

  小素虽然觉得不好意思，但还是照做了。而后施某经常叫小素帮忙，小素也把这件事当作一件正常的事情，不觉得奇怪。在二人熟络之后，施某在某一天侵犯了小素。

  案发后，施某还辩解小素满14周岁了，小素是自愿与之发生关系的。施某的狡辩未能让其免除刑罚，最终得到了法律的严惩。

这个案例可以给我们什么启发呢？

第二章 | 学会辨别针对女孩不怀好意的行为

第一，我们女孩需要懂得一条法律底线知识。我国以法律的形式对未满十四周岁不满十六周岁的女孩做出特殊保护，规定了在上述情况下，即使这个女孩在某种情况下表示了是自愿发生性关系，负有上述特殊职责的人也构成犯罪，都要被追究刑事责任。

附

相关法律条文规定

★★★

《中华人民共和国刑法》第二百三十六条之一规定："对已满十四岁不满十六周岁的未成年女性负有监护、收养、看护、教育、医疗等特殊职责的人员，与该未成年女性发生性关系的，处三年以下有期徒刑；情节恶劣的，处三年以上十年以下有期徒刑。"

第二，当有人向我们未成年人要求所谓"帮助"时，我们需要辨别这个帮助是否为"正常帮助"。假如我们对"正常帮助"认识比较模糊，起码先要明白，对我们未成年女孩而言，凡是涉及"隐私部位"的所有帮助请求都是不正常的。比如，大哥哥让你帮忙看一下屁股上的伤口，案例中的施某让小素帮忙在臀部擦拭药膏都属于不正常的帮助请求。

不论是什么理由，任何要求未成年人接触自己隐私部位的行为，都是不合理的，属于蕴含进一步伤害风险的行为。因为隐私部位不能随便给人看给人触摸，确有必要时比如看医生，也要在做好隐私安全保护措施的基础上进行必要检查，当未成年人需要看医生的时候还需要在父母的监护之下才可以。

当有人故意这样找借口让我们看到他的隐私部位，本身就是不道德的，更危险的是，这样极易发生被侵犯的行为。

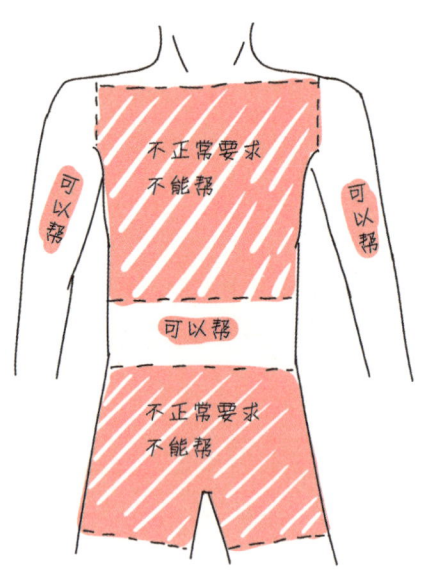

第三，做出这种行为的人，不论是谁，我们都需要高度警惕防范。当这个哥哥邀请你进房间帮他看屁股上的伤口时，应该马上拒绝跑开，然后下楼找到自己父母或信任的大人，把这件事告诉他们。

为什么强调一定要告诉父母和信任的大人呢？是因为大部分对我们未成年女孩做出具有性侵行为的人，往往是我们身边的熟人，有可能下次还会在我们身边出现，告诉父母或信任的大人是让他们知道这个人是一个可能会伤害我们的危险人物,可以对我们采取必要的保护措施。我们也要尽可能避开这样的人,不给他们伤害我们的机会。

保护好身体隐私部位不可以随便给人看

女孩的小心思

五年级的暑假,妈妈给我报名参加夏令营,在一个森林公园里露营、烧烤、玩游戏,几天时间大家玩得很开心。

不过中间发生的一件事,我觉得有点怪怪的。一天,我跟着夏令营的一个大哥哥去拿东西,路上大哥哥看我提东西走着有点吃力,就很好心帮我提。后来,在一个没人的地方停下来,大哥哥说要看看我尿尿的地方。我记得妈妈讲过这是隐私部位不可以随便让人碰,不过那个大哥哥说不碰,只是看一下,还说我也可以看他的。当时我觉得他那么好心帮我提东西,不好拒绝他,后来他就看了我尿尿的地方,他也确实没有碰。夏令营结束的那个晚上,他送给我一盒画笔,说这件事要保守秘密。

妈妈只说过假如有人故意碰到我的隐私部位就要告诉她,虽然这个哥哥没有碰到,只是看了一下,但事后我还是觉得怪怪的。另外,我又接受了那个哥哥的画笔,答应要保密。这件事情,要不要告诉妈妈呢?

第二章 | 学会辨别针对女孩不怀好意的行为

亲爱的女孩，在非必要的情况下观看他人隐私部位的行为和故意触碰他人隐私部位的行为性质是一样的，都是不好的行为，都是"具有性侵意味的行为"。

你的妈妈之所以会叮嘱你"有人故意碰到你的隐私部位就要告诉我"，那是因为做出这种行为的人，有很大可能会对女孩做出进一步的性侵行为，叮嘱你遇到这种情况要告诉大人，是为了保护你。同样，"非必要情况下观看他人隐私部位的行为"也潜藏着很高的风险，提前预防非常有必要。

我曾经办理过一宗猥亵儿童的案件。犯罪嫌疑人谢某是一名生物老师，上课会教授相关人体生理卫生知识，后来利用中午教室无人的时候，借口帮助某个女同学检查身体，让女学生单独留在教室，并对女生进行猥亵。当然，犯罪嫌疑人谢某最后被追究了刑事责任，坐牢去了。这个案件中的被害人有好几个，犯罪嫌疑人最开始诱骗被害人到教室时并没有直接进行猥亵，只是编个理由要求检查一下女生的隐私部位，而后犯罪嫌疑人根据顺从态度继续诱骗，而后发展到猥亵行为。

我在办理这个案件的过程中，发现有份证人证言，是犯罪嫌

检察官妈妈写给女孩的安全书

疑人谢某的学生小米（化名，女，12岁）的，她逃出了犯罪嫌疑人的魔爪，作为证人对事情进行了陈述。

原来犯罪嫌疑人也曾经叫她单独留下来，也是说检查身体，当时犯罪嫌疑人没有触碰小米身体任何部位，看了一下就让小米起身走了。

后来小米心底很纳闷，就和自己的表姐讲了这件事，然后小米表姐马上告诉了她的妈妈，小米妈妈比较有警惕意识，交代小米以后这个老师再叫她去干什么就都说没有空；如果老师叫小米去教室、办公室、宿舍等任何地方，小米都不要去。

小米妈妈也没有向小米解释原因，只是很严肃地强调"不可以"，加上小米平时比较听妈妈话，所以后来这个老师再叫小米单独留在教室时，小米就找借口走开了，从此以后犯罪嫌疑人也就没有再叫小米单独留在教室了。就这样，小米避免了后来的危险伤害。

这个时候，我相信你应该明白，预防性侵害首先需要学习识别什么是可能在未来对我们身体会造成伤害的行为，然后再学习如何去防范。

　　首先，我们该如何理解"具有性侵意味的行为"呢？ 从性侵犯者角度来讲，目前针对未成年人性侵的加害者，大多数是"熟人"，是被害未成年人认识的人。这部分"熟人"在实施性侵行为之前，常常会制造一些试探性的行为，比如有人故意触碰我们的隐私部位就是一种。

　　这种没必要故意触碰隐私部位的行为是性侵犯者在实施性侵行为之前的一种试探行为，其目的是制造模棱两可的触碰，故意模糊我们的身体边界感，让我们误认为这种行为是正常的，为以后实施性侵行为寻找机会。

　　如果我们提前知道了这是不好的行为，是对我们身体的一种侵犯，

第二章 | 学会辨别针对女孩不怀好意的行为

那我们就可以及时制止或者告诉父母,让父母来保护我们。

其次,除"没必要故意触碰隐私部位的行为"是一种需要警惕防范的行为之外,在没有必要时观看我们隐私部位的行为也是需要警惕和防范的。这种行为虽然还不能定性为性侵行为,但也是属于很有可能会进一步发生性侵事情的预警行为。对施害者而言,这也是一种试探的行为,有非常高的风险可能会进一步发生性侵行为。

没必要而故意触碰我们隐私部位的行为和没有必要而观看我们隐私部位的行为,都属于"具有性侵意味的行为"。不论这个人是谁,只要他对我们做了这样的行为,就是需要重点防范的。

最后，要特别提醒的是，假如有人对我们做了这样的行为，不论什么情况，都不应该保密。这个大哥哥送你画笔要求你保守秘密，也正说明了这个大哥哥知道自己的行为是不好的行为，是不被大家认可的伤害他人的行为。

做出这样行为的人，不论是谁，我们必须要远离，也必须要告诉自己的父母，寻求他们的支持和帮助。

3

有人叫看"刺激"电影，会有危险吗？

女孩的小心思

我和好朋友都喜欢看电影，我喜欢文艺片，她喜欢动作片，放假时我们会一起约着看电影。

有一天，在电影院碰到同小区吴叔叔家的哥哥小勇，一起聊了一会儿天，他邀请我周末去他家看电影，说他家刚装了投屏，而且他爸妈周末要回老家，正好可以约几个朋友一起看一部特别"带劲"的日本电影，还说让我叫上我的好朋友一起去看。

周末那天，我和好朋友刚到小勇家门口，正打算摁门铃，就听到一个男生在对着小勇喊了一句："勇哥，你这次搞这么刺激，叫小妹妹一起看 A 片呀？"

我和好朋友听到这话，站在门口有点蒙：看 A 片？还该不该和小勇他们一起看呢？

亲爱的女孩，人对不确定的不安全的特殊状态常常会突然有蒙圈的感觉，所谓"A片"就是黄色影片，这个时候你的蒙圈感受正是一个好的警报，所以也是你和好朋友一起转身离开的好时机。

为什么这么说？因为黄色影片会诱发人的许多危险行为，也会给人带来很多危害。作为一名检察官，我曾经办理过多起因为看黄色影片而诱发的侵犯案件，既有犯罪嫌疑人单独看了黄色影片后实施侵犯女孩的案例，也有看了黄色影片后学影片里面的动作而造成的刑事案例，还有看黄色影片集体淫乱的案例。

其中，就有这么一个案例。

小杭（化名，女，13岁）的父母不让她玩手机，有一次她去隔壁王某叔（化名，男，37岁）的小卖部买东西，王某叔让小杭玩他的手机，还说随便她玩。小杭很开心，于是每天放学后都以写作业为由去王某叔的小卖部那里玩手机。

王某叔见小杭经常用他的手机看偶像剧，于是开始故意刷一些涉"黄"的视频给小杭看，并以手机为诱饵让小杭坐在他的大腿上看视频，并且告诉小杭说是因为喜欢她才这么做。小杭懵懵懂懂。一个星期后，王某叔诱奸了小杭。

| 第二章 | 学会辨别针对女孩不怀好意的行为

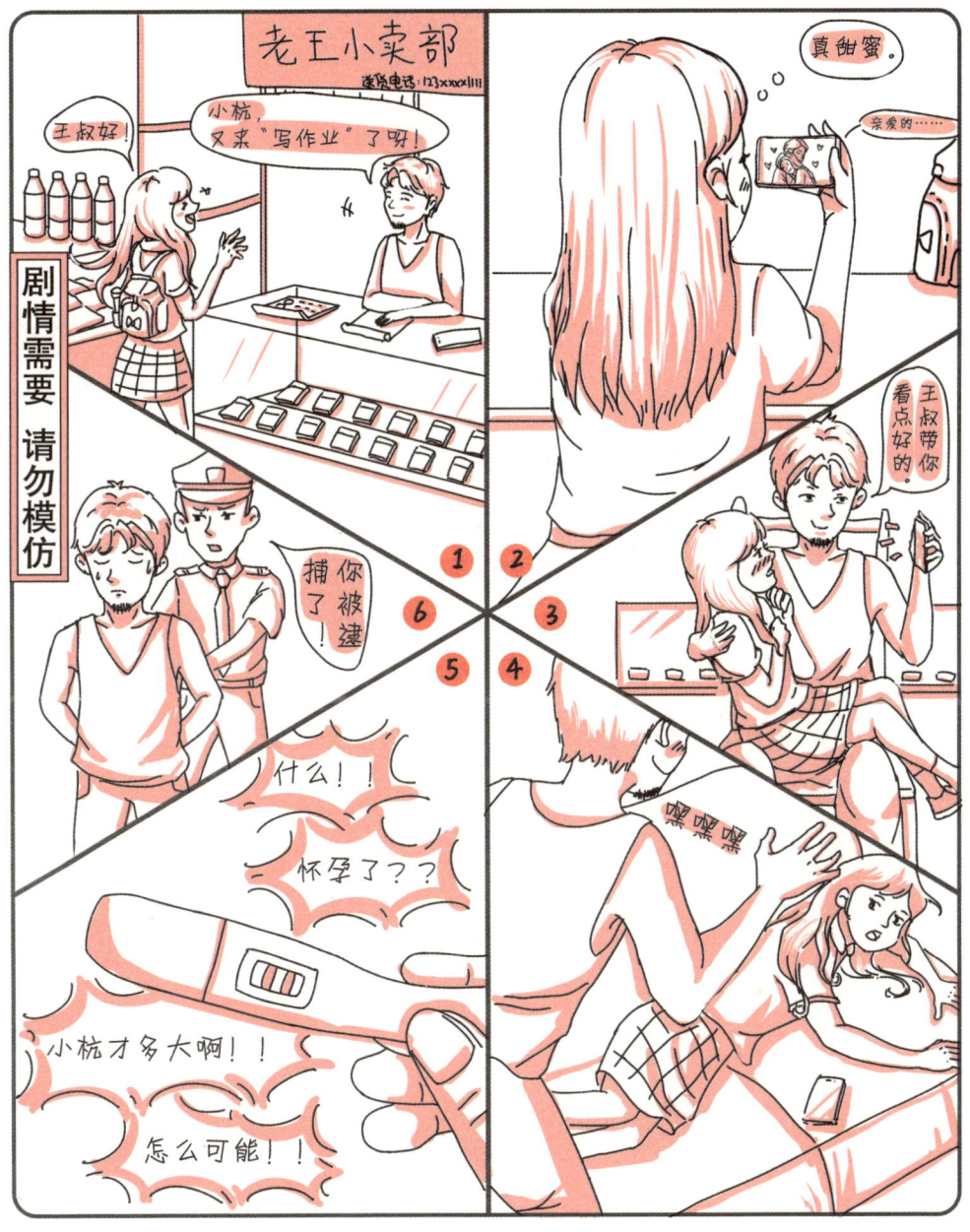

— 055 —

随后，王某叔继续以手机为诱饵，引诱小杭一起看黄色视频，持续诱奸小杭达半年之久，直到小杭意外怀孕被父母发现后，才报案抓获犯罪嫌疑人王某叔。

黄色影片大多数以刺激人的性冲动为主要目的，在观看黄色影片过程中，男性特别容易受到刺激，而部分自控能力差的人在这种刺激之下就更容易实施犯罪行为。从社会角度来说，黄色录像更容易诱发性侵案件，而就被害女性特别是未成年女孩而言，播放这种黄色影片的环境就是高风险环境。

作为女孩子，该怎么认识别人邀请看黄色影片这种行为，又该如何正确防范呢？

首先，就个人而言，看黄色影片本身不违法，但传播黄色影片却是违法行为，情节严重的还可能构成犯罪。

附 相关法律条文规定
★★★

《中华人民共和国刑法》第三百六十四条规定，"传播淫秽的书刊、影片、音像、图片或者其他淫秽物品，情节严重的，处二年以下有期徒刑、拘役或者管制。向不满十八周岁的未成年人传播淫秽物品的，从重处罚。"

也就是说，你同小区的小勇邀请他的朋友（包括你和你的好朋友这样的未成年人）观看黄色影片，可能涉嫌传播淫秽物品罪。

我国之所以对黄色影片等淫秽物品进行非常严格的管理，是因为传播淫秽物品不仅对人特别是未成年人的身心健康可能会造成比较严重的危害，更重要的是极易诱发其他违法犯罪活动。

在预防"诱发其他违法犯罪活动"这个侧面，一个需要重点预防的就是诱发性侵违法犯罪活动。

其次，一些别有用心的人也会利用观看黄色录像本身并不算违法这一点，来引诱未成年女孩与之发生关系，诡辩女孩是自愿与之发生关系的，不构成强奸罪，这也是犯罪分子常常诡辩的一个理由。

所以，我在学校给学生讲法治课的时候，会提醒学生防范这类行为，并把邀请未成年人观看黄色录像的行为定义为一种"具有性侵意味的行为"，提醒学生们加以防范。

作为女孩，针对这一情形需要提高警惕，尽可能不让自己暴露在这样的高风险环境中。而当有人邀请观看黄色影片时，我们需要清醒地认识到这样的风险，对这样的邀请应当坚决拒绝。

假如受蒙骗进入了观看黄色影片的场所，我们应该想办法中途离场，远离这样的高危环境，等我们离开之后再告诉父母或者信任的大人，请他们帮助我们去处理。

勇敢拒绝让人感觉"怪怪的"拥抱

女孩的小心思

爸爸的同事廖叔叔很喜欢我，从小学一二年级到现在五年级了，廖叔叔见到我都喜欢亲亲、抱抱我，小时候出去玩只要我说累了，他都会帮爸爸抱我或者背着我。

不过现在我长大了，有时候他拥抱我就会接触到我刚刚开始发育的乳房，我就觉得有点怪怪的，有些不舒服，但又不好意思拒绝。

他是爸爸的好朋友，平时也会买礼物给我，如果我拒绝他的拥抱，会不会不太好呢？

亲爱的女孩，我们在和人交往的过程中，都会和人有身体上的接触，比如握手、拥抱等。在这里我重点说说拥抱。对于拥抱的感受，每个人的体验感都不同，有的人可能觉得无所谓，有的人可能不太习惯，这是因为我们每个人都有属于自己独特的身体边界敏感度。而提高与他人身体接触时的边界敏感度，有利于提升我们的自我保护能力。

我在工作中曾遇到这么一个案例。

暑假的时候，父母帮小娜（化名，女，9岁）报名参加一个书法培训班。父母听说这个培训班的书法老师很厉害，在全市乃至全省都获得过很多奖，刚好又在家附近，所以就给孩子报了名，而且还介绍了两个同事家差不多大的孩子一起报名学习书法。

在学习书法的过程中，书法老师赖某（化名，男，42岁）刚开始还是挺认真负责，小娜和好朋友的字都有进步，所以她们的父母感到很高兴，也很信任这个赖老师。

书法班教室在二楼，赖某的办公室在教室里面的独立房间。熟悉学生之后，赖某在指导学生写字的过程中，会说某个女同学的字写得不好，然后叫她去他的办公室单独辅导。就这样，四五个女同学都轮番被他叫到里面的办公室单独辅导练习毛笔字。

| 第二章 | 学会辨别针对女孩不怀好意的行为

　　小娜也被赖老师叫去里面的办公室单独辅导了几次，每次单独辅导的时候，小娜站在书桌旁边，手握毛笔，赖老师从后面抓住小娜的手，一笔一画按照字帖模拟。不过小娜觉得老师贴得比较近，身体都接触到老师胸口了，整个人像是被老师抱着一样。小娜有点紧张，觉得怪怪的，但又认为老师这是在认真教书法，就没敢出声。

　　过了几天，妈妈问小娜书法班感觉怎么样。聊天中，小娜就说起赖老师单独辅导的事情，小娜妈妈听了觉得不妥当。后来经过互相打听了解，才知道赖某对班上的其他女同学也做过同样的事情。于是小娜母亲果断报了案，经过公安机关的调查，查明赖某对某个女生做出过更严重的猥亵行为。

　　赖某归案后，供述了以单独辅导书法为由猥亵女童的整个过程，后来赖某得到了法律的严惩，被判处有期徒刑四年。

　　在办理这个案件过程中，我了解到小娜和其他同学聊过，原来几个同学都有同样的感觉，不过大家都不知道该怎么办。最开始孩子只是和父母提出不想学书法了，却没有直接把有关情况告知父母，导致猥亵事件的发生。

　　这个案件一方面说明父母对孩子的关注不够，没有真正了解孩子不想学书法的真正原因，另一方面表明女孩对于不舒服的身体接触缺乏必要的认知。为了提升自我保护能力，亲爱的女孩，当遇到类似的情况时，我们应该有什么样的认识？又该如何预防呢？

第二章 | 学会辨别针对女孩不怀好意的行为

检察官妈妈支招

首先，我们要弄明白：什么是身体边界感？ 我在《因为是女孩，更要补上这一课》一书中写道："能够意识到自己和他人接触时，保持一种合适的身体距离，即在对方身体靠近或者远离时，能感知是舒适还是不自在，这种感觉就是我们身体的边界感。"

安全范围

尊重我们身体的感觉，建立良好的身体边界感，是我们安全意识的第一个起点。

其次，学会分辨对方近距离身体接触的行为是善意的还是不怀好意的。 我们该通过什么来判断和辨别呢？用我们的身体感觉！因为我们的身体不会欺骗自己！

当我们的身体被近距离接触并感觉到不舒服的时候，首先要先分辨这是无意的触碰，还是故意的触碰或触摸。

无意识触碰

假如是无意的触碰，一般是偶尔间、不经意的，接触的时间也会比较短，对方也会感到不好意思，会很快离开接触我们身体的位置，一般不会有第二次。针对这种情况，我们调整一下位置，保持与对方的身体距离就可以了。

假如是有意识的触碰，肯定还会有第二次，所以当我们再次感到对方这种让自己不舒服的触碰时，我们就可以肯定对方是故意的。另外假如我们感觉到的是时间比较长的不舒服的触摸，不用第二次，也可以肯定对方是有意识的。

有意识触碰

再次，不要忽视最初一些不舒服的身体接触感觉。

作为女生，首先要学会尊重自己的身体，尊重自己的感受。假如在某些偶然的情况下有人碰触到了你的隐私部位，让你感觉怪怪的，就要第一时间避开，不要犹豫。如果不能避开，我们需要勇敢地讲出来。

你爸爸同事廖叔叔是从小到大都熟悉的，或许他是喜欢你的，但人和人之间的喜欢有个基础就是尊重，我们每一个人都有属于自己身体的自主权，这是一项作为人的权利，我们应该尊重他人，并且也有要求他人尊重自己的权利，这个他人是指任何人，也包括你所说的"廖叔叔"。

最后，你需要向对方明确表达自己不喜欢这样的拥抱，自己长大了，觉得不舒服。

当我们讲出来的时候，可能会出现两种情况：

假如对方原来的拥抱是真心表达对孩子的一种喜欢，只是忽视了女孩子长大了这个情况，这时他自然会明白面前的小朋友长大了，不可以再用以前的方式对待她了，需要尊重她，而后自然会后退一步，选择换一种方式表达喜欢，比如握握手。

但是，假如他充耳不闻，仍旧继续以让你觉得不舒服的方式比如拥抱来表达他的"喜欢"，还故意说类似"没关系，叔叔喜欢你，叔叔送你礼物"之类的话，这种情形其实就是他在寻找借口，在故意模糊相处界限，企图将让你觉得不舒服的拥抱合理化，这绝对是个危险的信号。

这个时候必须要告诉你的父母，让你的父母介入，寻求保护，远离可能存在的危险。

注意防范视频聊天中存在的风险

女孩的小心思

父母听说我在学校和一个男生走得很近，提醒我不要影响学习。后来爸爸因为工作关系需要办理调动，借故帮我转学了。

虽然我不想转学，但也没办法。我和他见不到面，只能放学后用微信聊天。上次，我在房间洗完澡穿着小背心和他视频，他提出让我脱了衣服、背心，还说爱就是要坦诚相待。我犹豫着是否要脱小背心，正巧卧室外妈妈敲门，我就马上挂线了。之后，我又有点懊悔和害怕，怎么办呢？

| 第二章 | 学会辨别针对女孩不怀好意的行为

亲爱的女孩，因为这个偶然的敲门，打断了你准备脱小背心的举动，你感到羞耻和害怕，相信你能够懂得作为女孩脱掉小背心裸露身体进行视频是会被责骂的，这样的行为是父母不允许的。除此之外，相信你也懂得裸露身体的女孩是不适合通过网络给人看到的。

我的同人曾经办理过一个以裸照威胁女孩发生关系的案件。

因为疫情的缘故，小娟（化名，女，14岁）所就读的学校还没有开课，有几个月都是在家上网课，因此父母也没有限制小娟上网。小娟在家无聊的时候会上网交友，和一些人聊天。犯罪嫌疑人岑某华（化名，男，28岁）通过交友软件在网络上认识了小娟。在网络上岑某华告诉小娟自己是特警，还给她讲了一些他们出警的故事。随着聊天次数增加，岑某华就通过网络视频的方式，要求和小娟裸聊，并且通过录屏的形式拍下了裸聊视频以及小娟的裸照。

又过了几天，他约小娟出来见面，小娟推托说父母不让出去，但是岑某华以手上有小娟裸照以及裸聊视频威胁小娟，说要是小娟是不出来，他就把照片发到小娟学校去。小娟害怕了，于是就

答应了岑某华。而后岑某华在酒店里侵犯了小娟。

案发后查明,岑某华还用类似的手段侵犯过另外两名女孩。

在听同人讲这个案例的时候,我问了一个问题:岑某华用了什么方法让这女孩答应通过视频裸聊的?他在讯问岑某华的过程中,特意对这个情节做了讯问,然后岑某华的回答非常让人感慨。犯罪嫌疑人岑某华自己讲,一开始他让小女孩拍裸照或者裸聊的时候,连他自己都没想到这些小女孩那么好骗,随便找个理由让她在镜头前脱下衣服,女孩就都照做了。后来他知道十来岁的小女孩特别好骗,于是就特意在网上找这种年龄小的女孩聊天,然后诱骗女孩裸聊或者拍裸照,最后以裸聊视频或裸照威胁女孩。

女孩从内在意愿上来说,并不想与他人发生关系,但是受到裸照威胁而被迫就范,然而对于女孩自己当时为何会答应裸聊或拍裸照,她们也只是说没有想到会发生这样的后果,所以就答应了。

这几个小女孩的幼稚和无知让人既无语又心疼,但同时也给其他女孩许多警示。我们该如何对待在网络上和人裸聊或拍裸照呢?

不论是在现实生活中，还是在网络上看到的一些曝光案例中，我们能常常看到的情况是，女孩因为有裸体照片或裸体视频在他人手中而被威胁，然后导致了一些恶劣的后果，但是极少会看到以威胁曝光男孩的裸体照片或视频来威胁男生的事件。

为什么以裸体照片或视频来曝光女孩更容易威胁成功呢？而用同样的手段来威胁男孩却不能达到目的呢？

因为性隐私被曝光带给男生和女生的伤害是不一样的。就其原因来说，社会上对女孩有更多的指责、嘲笑、轻视，家庭亲人也有更多对女孩的指责和羞辱，更有来自女孩自己对性的羞耻和内疚。

可以毫不夸张地说，女孩的性隐私在自己熟悉的生活环境中被曝光的范围越大，对女孩的打击也就越具有毁灭性。再加上网络的易传播性和人性对性隐私天然的好奇心等原因，女孩的性隐私一旦曝光，曝光范围往往无法控制。正因为如此，当有人用女孩裸体照片或者视频来威胁女孩的时候，绝大多数女孩会被迫答应对方的要求，而其中常见的一个威胁条件就是发生性关系。

亲爱的女孩，读到这里，相信你明白女孩保护好自己的性隐私是多么重要了。但你可能有这样的疑惑："威胁女孩的都是坏人，但对方是我的男朋友，他爱我，不会威胁我的。"

这个时候，我希望女孩要有一个清醒的认识：自己的性隐私安全只有掌握在自己手里才是安全的！

第一种情况，从过往案例中看，恋爱中未来的风险总是远远大于现在的信任。 你和对方现在是恋爱关系，你对他的信任也是基于现在的，要知道，未来是不确定的，你们可能继续在一起，也可能会分手，会存在许多变数。

第二种情况，不论是现在还是未来，女孩裸体照片或视频都存在被泄露的风险。 我就曾经接触过一个男孩保存女友的裸照无意中被同学看到下载而传播开来，最后导致女孩辍学的案例。

第三种情况，女孩裸体照片或视频存在被倒卖的风险。网络色情行业为这类照片或视频提供了一个获得高额利润的去处，而可能是在女孩自己不知情的情况下这些照片或视频就被倒卖了，然后供无数人去点击观看。

女孩从保护自己安全的角度出发，一定不能答应和任何人（包括男友）裸聊或拍裸体照片给对方保存。

亲爱的女孩，你应该庆幸，是妈妈的敲门保护了你，请一定要吸取教训！

6

遭遇骚扰，该怎么办

女孩的小心思

我们几个比较要好的小伙伴组了一个群，后来一个小伙伴拉了一个打篮球的帅哥进群，因为他在校篮球队是主力，大家都很仰慕他。

刚开始大家在群里聊天还挺和谐的，后来他就会在群里发一些黄段子，大家也只当是开玩笑。

过了一段时间，他在群里发一些黄色图片的表情和言语后@我，我觉得有点尴尬，但也只当是玩笑，最多不回复。过了几天，他开始单独发一些更加暴露的图片给我，还暗示说我的身材某些部位和这个图片一样，接着会再发一个调皮或"色"的表情。

这让我很不舒服，又不太好意思直接怼他。这种让我不舒服的言语和图片是"性骚扰"吗？我该怎么应对？

这类含有色情元素的言语、图片在我们现实生活中和网络中都不少见，虽然会让一些女性反感，但常常因为司空见惯而屡禁不止。这种情况除了让人不舒服之外，还潜藏着什么样的危险呢？

曾经有位家长向我咨询过一件事情。

这位家长的女儿小薇（化名，18岁）高中毕业后，想为家里减轻负担，于是就到一个销售进口红酒的公司做销售。销售红酒有许多渠道，公司一般会安排新人跟着老员工跑酒店推销。

小薇跟着销售冠军范某（化名，女，30岁）去酒店向正在吃饭的客人推销红酒，客人买了酒后，都会要求范某喝几杯。范某酒量也不错，不过喝了几杯后，一些客人就开始跟范某讲黄段子，手也不安分起来，但因为是客人，范某也不好翻脸。

而后范某开始要小薇学她的方式向客人推销红酒，小薇虽然不乐意，但报酬是和业绩挂钩的，所以也勉为其难地开始喝酒，当然也会遇到一些客人喝完酒后乱摸的情况，小薇很难受但不知道该如何拒绝。每次回家，妈妈看到小薇喝醉难受的样子都很心疼。趁着酒劲儿，小薇还会骂那些占她便宜的客户。

第二章 | 学会辨别针对女孩不怀好意的行为

这位家长问我能否告对方性骚扰。因为没有证据，而且又关乎小薇的工作，我只是建议小薇可以换一份其他的工作。你可能有点疑惑了：现实中我们应该对性骚扰有所防范，但网络上一些具有"性骚扰"意味的言语和图片也要防范吗？

| 第二章 | 学会辨别针对女孩不怀好意的行为

检察官妈妈支招

附

相关法律条文规定

★★★

《中华人民共和国民法典》第一千零一十条之规定："违背他人意愿，以言语、文字、图像、肢体行为等方式对他人实施性骚扰的，受害人有权依法请求行为人承担民事责任。机关、企业、学校等单位应当采取合理的预防、受理投诉、调查处置等措施，防止和制止利用职权、从属关系等实施性骚扰。"

性骚扰是和性相关的骚扰行为，首先是对人格尊严的侵犯，同时长期特定的性骚扰行为对人的心理、身体健康也会造成损害，是一种侵权行为，另外属于性犯罪之外的骚扰行为，也是违法的。

性骚扰可能存在于不同的公共空间中，案例中小薇遇到的情形是一种性骚扰，而你在网络聊天中遭到的情况也是一种性骚扰行为。

法律规定了性骚扰的一个特征是违背他人意愿，但针对未成年人的意愿，是区别于成年人的。对成年人而言是违背了他人意愿，但未成年人因为心智还没有发育成熟，所以对于未成年人的性骚扰，并不要求只是"违背了未成年人的意愿"，才算是性骚扰行为。

针对未成年女孩的"性骚扰"环境，也预示着更高的潜在性侵危险，千万不要把"潜在风险"当"有趣"，需要特别提高警惕！

发生这样的情景，我们需要远离这个人或者这个环境。假如是像案例中小薇一样身处于现实生活环境的"性骚扰"状态，我们应该懂得不要为了一点小利益而让自己置身于可能遭遇性侵的高风险环境中，尽快离开这个环境。而网络群聊天的情形，我们可以有以下几个选择：

首先私下和好友群主沟通。私聊要求当事人停止继续发这类言语、图片等，也可以直接先表达请对方不要发这类言语和图片并@自己。

假如当事人不听群主劝阻，可以请求好友群主踢他出群。假如群主不选择踢当事人出群，自己应该选择退群。这是保护自己远离危险环境最有效的方法。

第三章

学会识破"糖衣"包裹的危险因素

女孩更要有保护身体隐私的意识

女孩的小心思

虽然父母提醒过我，让我不要那么早谈恋爱，不过在艺校，我认识了一个男生，我们都爱好摄影，很有共同语言，感觉很合拍，于是我就瞒着父母，偷偷和他谈恋爱了。

放暑假，我们各自回了家，彼此不能经常见面。他经常跟我说特别想我，让我拍私密照给他看看，还让我洗完澡后拍。我觉得不太好，不想拍，被我拒绝后，他生气了，说这么点要求都不答应，是我不够爱他。

唉，真为难，该怎么办呢？

亲爱的女孩，我同样也是一位妈妈，作为母亲我不建议在未成年时期就谈恋爱。但是如果你的情况是如此，且面对这样的要求你在为难，还没有拍私密照发过去，那就先听我讲个案例吧，因为类似这样的情况，有一些风险是你想不到的。

　　小敏（化名，女，15岁）还在读初二的时候，在学校和一个男生小伟（化名，16岁）谈起了恋爱，当时应小伟的要求自拍了几组非常性感的照片，并且有的照片还比较露，这些照片当时保存在一个网盘上，密码只有两个人知道。小敏反复告诉小伟说这些照片都属于很私密的照片，千万不能泄露，当时小伟也信誓旦旦地说，这是属于两个人的秘密，他肯定守护好。不过后来发生了一件俩人都始料未及的事情。

　　小伟的电脑借给好朋友小强（化名，男，15岁）使用的时候，忘了将网盘退出登录，结果小强就无意点进去看到了这些照片。青春期男孩对这些带点"颜色"的照片非常好奇，于是下载后直接转发给了几个QQ群，据说还交代不外传，但是每个青春期男孩对这样的图片都有很强的猎奇心理，一传二，二传三，就这样小敏的"私密照"在学校男生QQ群之间传开了，

第三章 学会识破"糖衣"包裹的危险因素

— 083 —

然后又扩展到女生之间。小敏感觉被大家在后面评论和指指点点,但不知道是什么原因,直到小敏的闺蜜偷偷告诉小敏。小敏知道原委后,非常崩溃,但造成的影响已经无法挽回。

于是小敏强烈要求父母帮她转学,但就是不肯说出具体原因。父母认为读初三的小敏正是学习的关键期,这个时候转学不利于中考,不同意转学。

小敏见父母不同意转学,又无法忍受同学的议论,于是就干脆不去学校了。父母非常着急,只得答应她。新学校离家远,比原来的学校教学质量还差很多,而小敏经过此事打击后,成绩一落千丈,最后导致辍学。

小敏的男朋友小伟并没有故意泄露小敏的这些特别私密的照片,但因为一些疏忽造成了这些照片泄露并流传开来,最后受到伤害的却是小敏。

亲爱的女孩,不管你现在是在恋爱中,还是一门心思扑在学习上,都一定要好好看看这个案例,不只是对未成年的你们,其实对于成年人也是如此,都要好好想想:该怎么对待男朋友这样的要求呢?

第三章 学会识破"糖衣"包裹的危险因素

检察官妈妈支招

在一段亲密关系里是需要有信任基础的,但是信任不代表自己没有任何底线。女孩对男友提出一些拍私密裸照的要求必须要保持必要的清醒。

第一,我们的现实社会对女性裸体照片和男性裸体照片的猎奇心理、关注程度以及评价标准都不在同一条线上。相较于男性,女性的裸体照片更容易吸引人的注意力,也更容易让人关注并传播。更重要的一点是,女性裸体照片被曝光,往往是该女性更容易受到围观和指责,而不是泄密者,对性的羞耻感也让女性自己更容易感到羞愧,并因此受到伤害。

这是一个普遍存在的客观状态,也提醒所有女孩必须保持清醒,不论是自己拍私密裸照,还是和男友一起拍私密裸照,一旦泄露或者被曝光,最后绝大部分的指责都是指向女孩的,承担伤害后果的也是女孩,女孩在这一点上必须要有清醒的认识。

第二，亲密关系的核心是爱，而爱的核心是尊重和包容。 拍私密裸照不是女孩自己的愿望，而男方把不拍裸照与就是不爱他直接画上等号，这里面的逻辑不是尊重而是威胁！

在这个问题上，男方心理上对爱的要求是：你满足和服从我的意愿就是爱我，你不满足我的意愿和要求就是不爱我！可以说，这个心理模式发育阶段还停留在幼儿期。对于男方此类情感操控的手段，女孩一定要警醒！

第三，一旦分手，这些私密裸照在对方手上，就相当于对方掌握了一个可以控制你的武器。 往后余生，你愿意被对方控制吗？你愿意听从对方的任何要求吗？假如你内心的答案是否定的，那就必须要清醒地想一想，分手后一切可能发生的不良后果。

第四，网络的特征之一就是易传播性，而私密裸照在网络曝光后，传播范围常常会极不可控。 这时，请提前想一想：如果照片不小心被泄露到网络上了，传开了，被不认识的人和认识的人翻看到了，这些认识你的

人中，可能是你的父母长辈，也可能是你的同学、朋友……对此，你可能需要承受什么样的评价和指责？你愿意接受这些吗？假如答案是否定的，亲爱的女孩，相信你已经有了自己的答案，勇敢地拒绝，勇敢地结束这段关系吧。

亲爱的女孩，不论是受到曝光照片、视频的威胁，还是处理已经被曝光的私密照片，我们都需要牢记以下几点，才能把损害降到最低！

第一，报案，寻求警察的帮助。假如我们的私密照片已经被人曝光到网络上，我们知道后，应该第一时间报案，请求公安机关利用网监的技术力量来删除已经在网络曝光传播的隐私照片，尽可能地在最短时间里缩小扩散范围，而不是花费时间自己去查找是谁泄露，或者故意曝光的。

同时需要把涉及的照片、视频等相关情况如实向公安民警讲清楚，提供自己知道的对方有可能会存储这些视频的设备，比如手机、电脑、网盘等，方便公安干警查找、提取相关视频资料，最大可能地保护自己的隐私不被泄露。

第二，寻求家人的支持。很多女孩发生这类事情的时候，常常不敢告诉家人，往往错失一些补救的机会。我们要知道，家人或许是会责骂，但家人不论表面态度如何，在最后维护女孩自身利益立场上，始终是会站在女孩这边，都会尽最大可能运用家庭资源来维护女孩的利益。

第三，寻求专业心理帮助。经历这样的事情后，女孩必然会遭受比较大的心理创伤，可能会面临失眠、焦虑、后悔、内疚、害怕、愤怒等不良情绪的侵扰，但这是我们必须要接纳和面对的，而且只能是我们自己来承受。外在力量可以帮助我们解决一些事情，但内在的情绪困扰、心理上的伤害仍需要我们自己来消化。

假如心情低落、失眠等诸多不良情绪困扰自己超过半个月还没有好转，甚至感觉越来越糟糕，我们需要提醒自己，这个时候应该寻找专业的心理咨询帮助，依靠专业的力量让自己重新面对新生活。这一点非常重要。

请记住，
突破法律底线的表白不是爱

女孩的小心思

上初中后，数学成绩有点跟不上，父母给我找了一个一对一补习老师。补习老师三十岁，人长得也很精神很帅气，讲课也很清晰。过了三个月，我的数学成绩明显提高了，父母很高兴，继续让我跟这个老师补习。

后来，当我做出一道难题后，老师会摸摸我的脸表扬我，还会说"多漂亮啊"，也不知道他是在说解题还是说我，听得我都脸红了。

偶尔，老师还会拥抱我说喜欢我，我的心也会咚咚跳，老师这样的表白是真喜欢我吗？

亲爱的女孩,这让我想起了林奕含的一本小说《房思琪的初恋乐园》,讲述的是一个家庭教师性侵女学生的故事。

对于未成年女孩而言,师生之情不可超越师生关系是我们的底线。2020年的时候,曾经有个朋友找我咨询过一个案例。

> 朋友亲戚的女儿小娅(化名,女,15岁),被家人发现异常情况时已怀孕3个月之久,家里人非常震惊,追问之下得知,原来是小娅的艺术辅导老师戴某君(化名,男,47岁)在教学过程中说喜欢小娅,并追求小娅,而后发展到发生性关系,并导致小娅怀孕,而这个艺术辅导老师已经有家室,儿子和小娅差不多大。
>
> 朋友问我,是否可以控告戴某君涉嫌强奸?
>
> 我不得不告诉她,按照《中华人民共和国刑法》相关规定,这种情况下,小娅是自愿和戴某君发生性关系,虽然戴某君道德败坏,利用了做老师的优势地位和学生的崇拜心理,勾引了小娅,但是不构成犯罪,只能追究戴某君一些民事赔偿责任。
>
> 朋友很气愤,说这种坏人居然还不能坐牢。

第三章 学会识破"糖衣"包裹的危险因素

后来，直到律师鲍某明和养女李某星发生关系的社会热点事件的曝光，引起了社会的广泛讨论。这一事件也促进了 2021 年 3 月 1 日起实施的《刑法修正案（十一）》对第二百三十六条的修改，在这条后增加一条，作为第二百三十六条之一（详见本书第 43 页）。

这一条文的修改和增加，意味着什么呢？

之前我国刑法对未满十四周岁幼女有特别保护，这一条文的增加，进一步加强了对未成年女孩的保护，特别是加强了对已满十四周岁未满十六周岁女孩的保护。

《刑法修正案（十一）》通过实施后，我还特意告诉那位朋友，现在类似的情况，刑法可以制裁他了，罪名是"负有照护职责人员性侵罪"。也就是说，对于负有特殊照护职责的人员，对女孩性侵后都不能用这个女孩（已满十四周岁未满十六周岁）是自愿和他发生性关系作为辩护无罪的理由了，现在是构成犯罪的。

| 第三章 | 学会识破"糖衣"包裹的危险因素

女孩在成长过程中，尤其是在青春期，会对一些人产生朦胧的好感，这是人的正常情感发育过程。但我们要知道，只有在相互平等、相互尊重的前提下产生的感情才是健康的。《刑法修正案（十一）》在增加这条时，特意写出了"监护、收养、看护、教育、医疗等特殊职责"，原因是，这些关系里面女孩和照护者的地位实际上是不平等的，假如发生性关系，明显存在照护者利用优势地位对女孩的剥削。

这一条文警醒那些负有特殊职责的照护者对被照护女孩的感情和边界应该在哪里，同时也提醒我们女孩自己，要清醒地认识到，我们对照护者的感情和边界应该在哪里！为什么在这样的关系里越界，就是"照护者对女孩的剥削"呢？我们从三个层面来看：

第一层面的剥削 老师教授知识，这是他的职责，他用学识获得你的尊重是作为老师的本分，但如果他利用这个机会向你表达爱意就是越界，明显是利用了青春期女孩对异性、感情懵懂的思想，利用了女孩对老师学识崇拜的心理。

第二层面的剥削 因为年龄差异比较大，人对感情的认识、事情的后果、关系的认知等理解都存在比较大的差别，照护者利用这个优势，来把握关系的主动权，存在明显的不对等，进而发生关系，就是剥削。

检察官妈妈写给女孩的安全书

社 会 安 全

第三层面的剥削 照护者对被照护女孩有照护的职责,这个职责也赋予了照护者一些可以把握的资源,有要求被照护者服从的部分权力,但这个权力必然要求照护者应该遵守相处边界义务。假如照护者越界,就是对被照护女孩的剥削。

亲爱的女孩,数学补习老师抚摸你的脸说你漂亮,不是爱的表示,在剥削之下发生的感情不可能是真爱,反而可能会发生对我们有伤害的行为。你一定要高度警醒,把老师对你的这种行为告诉父母,防患于未然,避免自己受到伤害。

照护者越界

青春期把握好男女相处的身体边界

女孩的小心思

　　小学毕业后，父母因为工作忙，把我送到姑姑家过暑假，让大我4岁的表哥帮我补补课，然后再带我去他们老家的风景区玩玩。

　　一天，表哥带我去他同学家，约好下午一起去爬山。中午，我们在他同学家休息，因为没有多余的房间，表哥就让我将就和他挤一张床上午睡，可以吗？

亲爱的女孩，假如你在犹豫不决，说明你虽然觉得表哥可能也没有恶意，但女孩的本能在警告自己这样做不合适。那该怎么办呢？作为刚刚进入青春期的女孩和青春期的男孩相处的身体边界又该怎么把握？先听我讲一个案例吧。

小文（化名，女，13岁）刚读初一，认识了同校读初三的小荆（化名，男，15岁），两人在学校组织的一些活动中相互熟悉，互相有好感。

暑假，小文在家因为玩手机和父母吵了一架，然后就想要离家出走，可是又觉得没地方可去，于是打电话给小荆，正巧小荆父母出差，家中只有不住家的保姆，倒是比较清静，小文便带着几件衣服去了小荆家。

小文因为生父母的气，故意不告诉父母自己在哪里。小文和小荆本来在学校就互相有好感，于是就在小荆家住下了。

小文的父母因为女儿离家出走，非常着急，四处打听，后来通过小文的闺密了解到小文在学校和小荆的关系不一般，于是通过学校找到了小荆家，果然找到了女儿。还得知小文这几天住在小荆家，并和小荆睡在一起。

第三章 学会识破"糖衣"包裹的危险因素

小文父母把小文带回家后,过了10天左右发现她怀孕了。于是小文父母带小文到公安机关报案,控告小荆涉嫌强奸罪。查明有关情况后,公安机关对小荆以涉嫌强奸罪立案。

整个案件非常让人心痛,不单单是被害人小文对性和法律无知,犯罪嫌疑人小荆也同样对性和法律非常无知。

我在办理这个案件过程中,发现13岁的小文对一些基本的生理知识都不懂,更不懂男女身体相处的一些身体边界。比如,询问被害人小文时,我问她内心想控告小荆吗,她看了看身边的爸爸,摇了摇头。我继续问:"你去小荆家里之前,有考虑过跟他发生关系吗?"她再次摇了摇头。我又继续问她:"你知道发生关系有可能怀孕吗?"她又再一次摇了摇头。

作为女孩,进入青春期,必须了解哪些性的底线和法律底线呢?在自己还没成年之前,我们又该如何保持和异性的交往距离呢?

| 第三章 | 学会识破"糖衣"包裹的危险因素

第一，女孩也好，男孩也好，都需要懂得一些法律底线。

《中华人民共和国刑法》对未满十四周岁的幼女做出特别保护，规定了任何人明知对方是未满十四周岁的幼女，而与之发生性关系，不论这个幼女是否自愿，都构成强奸罪，都要从重追究刑事责任。另外，只要年满十四周岁，犯强奸罪都要负刑事责任。这些是我们必须了解和知道的有关法律底线规定。

附

相关法律条文规定

★ ★ ★

《中华人民共和国刑法》第二百三十六条第二款："奸淫不满十四周岁的幼女的，以强奸论，从重处罚。"

《中华人民共和国刑法》第十七条第一款、第二款规定："已满十六周岁的人犯罪，应当负刑事责任。""已满十四周岁不满十六周岁的人，犯故意杀人、故意伤害致人重伤或者死亡、强奸、抢劫、贩卖毒品、放火、爆炸、投放危险物质罪的，应当负刑事责任。"

第二，对生理卫生知识的学习和掌握是我们保护自己的一个基础。
我们可以通过请教父母或信任的人，阅读正版绘本、书籍，观看官方科普网站推荐的视频等途径来获取这些知识。

第三，当身体来月经后，作为女孩子，应该知道：身体天生性别决定了当发生无保护的性关系时，女性身体会承担可能怀孕的后果。 案例中被害人小文吃的第一个亏就是无知的亏。

第四，女孩需要培养自己与异性相处舒服而不越界的身体边界感。 男女平等，但男女有别，这是我们应该学习的社交技能。

案例中的小文和小荆虽然有所谓"早恋"的萌芽，但最开始小文是没有想要和小荆发生关系的。但小文不懂得和异性相处的身体边界感，没有把握住和男孩相处的分寸，在一定环境因素的催化下，就发生了原本没想过要发生的关系。

亲爱的女孩,同样的道理,你的身体已经逐步进入了发育的高峰期,你的表哥大你四岁,同样是处于青春期。和表哥以及朋友一起爬山游玩等活动都很正常,但是如果午休挤在一张床上,就是明显超越了青春期男孩和女孩相处的身体边界了,即使表哥没有其他恶意,也是应该拒绝的。

我们和人交往,情感亲疏不一样,身体交往距离也不一样。但不论是什么关系,男女相处时,当我们不想发生一些后果时,都不要超越必要的身体边界,不让自己身处可能催化不良后果的环境中,这是保护自己最好的方法。

女孩拒绝他人的追求要讲究方式方法

女孩的小心思

隔壁郝哥哥邀请我去看电影,这个电影刚好也是我想看的,郝哥哥之前有追求我的意思,不过我对他"不来电",不想和他谈恋爱,但我觉得有个人对自己好也不错,于是便答应和他去看电影。

到了电影院后,郝哥哥帮我买了票。当进入放映厅后,我发现这个座位和我之前看电影的座位不太一样,郝哥哥说其他厅没票了,只剩下这个情侣座了。

来都来了,我只好和他一起坐在情侣座上。刚开始,赫哥哥离着我还有一段距离,看着看着,他就往我这边靠,要搂着我看,他说:"你看周围的人都是抱着看电影的,我们也试试呗?"

我心里其实挺矛盾的,又想享受他对我的好,又不想像做男女朋友那样亲近,我该怎么办呢?

| 第三章 | 学会识破"糖衣"包裹的危险因素

我们知道情侣之间互相搂着看电影应该是挺正常的一种行为，但当还不想谈恋爱的时候，特别是还不想和某人建立情侣关系的时候，我们应该怎么做？在自己被他人追求时，对于对方这类身体亲密行为的拒绝或接受都有什么风险呢？

先听我讲个案例吧，这是一位老师和我交流时说到的，在她学生身上发生的一个案例。

她的学生小美（化名，女，15岁）长得比较漂亮，有不少追求者，其中有个外校的男生也一直在追求小美。而小美对这几个追求者的态度都是模棱两可的，有时候答应这个外出吃夜宵，有时候又答应那个去看电影，对这几个男生不拒绝也不答应。因为她自我感觉有人追求不错，却不知危险的种子已经埋下。

这个校外的男生王某峰（化名，18岁）在追求小美的过程中，感觉被她耍了，愤怒之下找到她所在的学校，在门口等候了几天，扬言要让小美陪他一晚上，不然就让小美好看！搞得小美都要偷偷求保安走学校的另外一个小门回家。这位老师很担心，于是单独找到小美了解情况，小美才讲出事情的原委。

— 103 —

　　后来小美在老师的建议下，告诉了父母。最后由父母出面帮助小美，才把事情平息了。

　　女孩进入青春期，有同样处于青春期的男孩来追求，也是常常会遇到的事情。在处理这样的关系时，女孩该怎么做呢？又应该防范一些什么样的风险呢？

青春期的男孩和女孩在成长过程中，或迟或早都会遇到追求者，年纪差不多的少男少女们的身体和性都处在迅速发育中，喜欢某一个人也是正常的心理发育和情感成长。在处理这样一个男女朦胧关系的过程中，女孩该如何把握相处界限，才不会让我们受到伤害呢？

作为青春期的女孩，当有人对你表示喜欢或爱意的时候，相信在内心都是有点开心的，因为每个人都希望自己是受欢迎的、被喜欢的，这是一个普遍性的心理需求。这也是我们成长中必然会面对的且需要学习的一个心理成长过程。

我提醒女孩需要注意把握的一些相处边界，并不是让大家拒绝和异性相处，而是想让女孩意识到，在面对追求者时，对方会有一些表达喜欢和爱意的语言、动作、行为，可能在某些时候涉及身体亲密接触，把握到什么程度，与两个人的关系处在一个什么样的水平有关。

所以我们必须要考虑的是：自己想和对方建立一个什么样的关系？

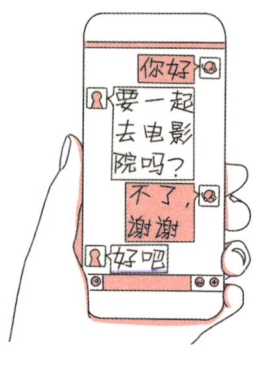

第一种情况，对方追求你，想和你建立情侣关系，你也喜欢对方，但不想和对方发生性关系。 这时，女孩就需要特别留心和谨慎选择与对方在一起相处的时间和地点了。

青春期的男孩和女孩，身体处在迅速发育阶

段，在一定的封闭环境下，如果两个人单独相处，女孩的身体力量明显处于劣势，有时没有力量反抗你内心原本不想发生的事情。

假如和对方约见，建议尽量选择电影院、书店、商场等公共场所或者人流量多的场合，不要选择在房间、包房、小车等封闭环境中单独相处；时间上不要选择深夜等人流量少的时间段。

当女孩还不想这么早发生性关系的时候，就要尽可能避免单独在封闭环境中和对方相处。封闭环境会催化身体距离发生变化，也让女孩可以拒绝的空间被压缩了，发生你原本不想发生的事情的概率会变得更大，当然被伤害的风险也更大。

第二种情况，对方追求你，想和你建立情侣关系，你觉得做朋友可以，但不想和对方建立情侣关系。这个时候，我们的态度和行为就不要模棱两可，最好直接果断告诉对方不想做情侣，保持距离，只做朋友。

假如女孩的态度是模棱两可的，非常容易让对方产生一种错觉，以为是女孩比较矜持，不好意思这么快答应。假如对方有这样的错觉，就会趋向进一步做出更直接的动作或行为，而一旦环境巧合，女孩在

身体上就非常容易被对方把控住。这个时候很容易发生女孩内心原本不想发生的事情。不论结局如何，对女孩而言，都更容易受到伤害。

第三种情况，对方追求你，想和你建立情侣关系，你不喜欢对方，甚至连朋友都不想做。这种情况需要我们尽量选择不伤及对方面子和尊严的方式坚定、明确地告知对方。

每一个人的情感只要是真诚的，都需要也应该得到尊重，我们可以不接受对方表达的喜欢和爱意，但应该尊重对方的感情和人格。从心理学上来讲，当一个人被拒绝时都会有一种受伤的感觉，受伤之后觉得伤心，这是人正常的一种心理反应。但是当一个人产生受伤害的感觉，再加上被轻视或者被侮辱的时候，伤心就很容易演变成愤怒，这个时候，在冲动之下，就非常有可能做出伤害对方的事情。

不论是从我们善良的本心出发，还是从保护自己的角度出发，我们有不接受对方感情的权利，但没有伤害、轻视或者侮辱他人人格和尊严的权利，所以我们坦诚相待，真诚地表明态度，既是对他人的尊重，也是对自己的保护。

理性追星，提升自我保护能力

女孩的小心思

自从加入偶像饭圈，我和其他的粉丝们在一起支持偶像、打赏偶像，觉得很开心。比如上次偶像参加一个比赛，需要投票，那几天大家一起忙着在网上投票、拉票，同仇敌忾，从落后到逆袭，真是太有成就感了。也是因为上次的投票活动，我和南方区域的大粉丝团团长认识了，他邀请我带一两个长得好看点的粉丝在月底到某市某酒店，说可以安排和偶像品鉴红酒、吃个饭。

刚好月底学校开运动会不需要上课，要不要去呢？

检察官妈妈写给女孩的安全书

社会安全

亲爱的女孩，青春期追星是一件很正常的事情，但需要保持在正常范围内。当女孩丧失理性去追星的时候，很容易迷失自我，导致一些无知的行为。假如不加思索，不加辨别地盲目追从他人，就非常容易造成严重后果。我曾经在外出学习时，听同人讲过一个当地发生的真实案例。

这是一起涉及多个未成年人被侵犯的案件。当时是某市某某偶像粉丝团团长的蔡某某（化名，男，26岁）认识了小宁（化名，女，14岁）。他得知小宁父母在外地做生意，家里有钱，平时只有小宁和爷爷奶奶在家，父母只在逢年过节时才回来，爷爷奶奶也管束不了小宁。

小宁手里有钱，出手也很大方，会经常请一些朋友吃吃喝喝，所以她身边有一群十来岁的小女孩跟着她，听她的话，俨然一副小"大姐大"派头。

于是蔡某某特意封了一个职位给小宁，让小宁做粉丝团副团长兼秘书长，目的是笼络小宁。

在这个粉丝饭圈里，蔡某某几个主力团伙不断给小宁以

第四章 牢记在特殊情形下的安全要点

及身边几个女孩洗脑,让她们参与一些粉丝援助活动,小宁在这个活动中找到了存在感,更是什么事都积极出力出钱。

在一次团体活动中,蔡某某打着偶像活动的借口,在一家酒店约小宁一起策划,然后在酒店诱惑小宁等人喝酒后,对小宁实施了侵犯。事情发生后,蔡某某继续给小宁等人洗脑,被洗脑后的小宁不但没有报案,没有反抗,反倒逐渐成了蔡某某等人继续侵犯其他未成年人的帮凶。

小宁利用偶像聚集、钱财诱惑以及自己原来在一群小女孩中的影响力,继续帮助蔡某某等人侵犯其他未成年人,直到一个未成年人怀孕被父母发现才案发。

青春期女孩在追星中容易迷失自我,盲目跟从,而这一点又特别容易被别有用心的人利用。那么,女孩在追星过程中,需要注意些什么呢?

在追星过程中，大家因为共同的兴趣聚集在一起，兴趣相投的伙伴一起为喜欢的偶像欢呼，大家的情绪和情感一起得到释放，可以暂时转移生活中、学习中的苦闷和压力，负面情绪也可以在这样的场合得到发泄和释放，在一定程度上是有利于身心和谐的。

但也正因为处在这样的团体中，特别容易形成"乌合之众"的群体现象。什么是"乌合之众"的群体现象呢？是指个人在进入群体（如偶像饭圈）之后容易丧失自我意识，在集体意志的压迫之下成为盲目、冲动、狂热、轻信的"乌合之众"群体的一员。经常表现出来的特征有：推理能力差，内部没有批评精神，对外界批评容易敏感，容易动怒且轻信，头脑简单。在群体聚集过程中，人越多会越傻，容易受传染、受暗示，容易随大流，失去个人独立思考的能力。

案例中的小宁加入偶像饭圈群体，在追星过程中，盲目、轻信，逐渐丧失了是非辨别能力，对犯罪嫌疑人蔡某某实施对未成年人的性侵害是涉嫌犯罪的行为都没有辨别能力，反而成为犯罪分子的帮凶。

亲爱的女孩，理性追星，需要有以下几个清醒的认识：

第一，在自己家庭允许的经济能力范围内追星。在偶像饭圈里支持偶像，比如进行歌曲、新剧、演唱会或选秀等各类推广活动，购买现场门票等都需要粉丝付出一定金钱。网上曾经曝光有的未成年人为了追星瞒着父母花费十几万甚至几十万的都有，这些行为都是在丧失了独立思考能力后，盲目冲动下做出的。

第二，我们需要理解偶像形象的设立是商业公司运营的需要，是娱乐公司盈利的需要，我们应该理性地拒绝追随偶像的"造神"活动。在饭圈追星过程中，我们付出了时间、精力、金钱；在和饭圈粉丝互动过程中，"偶像"的形象塑造也有粉丝参与，特别容易将一些美好且常常在现实中得不到的形象、品质投射在偶像身上。通过投射，我们也得到了情感满足。

这里请记住，"偶像"呈现的形象是我们心理幻想和期待的投射，

不是真实的。换句话说，"偶像"的形象和现实中本人的形象是不一致的，而且这种不一致是一个常见现象。正因为如此，我们才常常会见到所谓的"偶像形象塌方"事件。所以，在喜欢偶像的过程中，我们仍要对现实生活有清醒的认知，做好自己该做的事情。

第三，清醒认识偶像的"晕轮效应"。
晕轮效应又叫光晕效应，是指人际知觉中所形成的以点概面或者以偏概全的主观印象，而且这种效应在对不熟悉的人进行评价时会体现得更加明显。当我们对某个人的了解不够深入的时候，只会关注一些外在的特征，即使这个外在特征与他的个性品质没有实质性联系，我

们也特别容易将两者联系起来，通过外在特征来判断内在的实质。在这种心理作用下，偶像特别出色的一面常常被加以利用，来达到造星过程中事半功倍的效果，致使我们有时很难分辨出好和坏、真与伪。

认识到这些，我们应该擦亮眼睛，不要被偶像"晕轮效应"所蒙蔽。从案例中先是受害人再到后来成为帮凶的小宁身上，我们可以看到，一些人利用了偶像的"晕轮效应"，来诱惑和侵害未成年女孩。所以，我们需要特别警惕一些别有用心的人，专门针对或者利用女孩盲目追星而设置的陷阱。

识别游戏中也有针对女孩的伤害

女孩的小心思

朋友介绍我玩一款模拟生活场景的小游戏,可以养宠物、可以种花种草种菜、也可以交朋友等,游戏系统还有谈恋爱、结婚等场景,她说挺好玩的。

我一听也觉得很有意思,马上下载了这款游戏,和她一起玩。周末的一天,她邀我一起玩抢婚环节的游戏,这是她朋友刚付金币开通的。让我做"新娘",什么都不用做都可以赚点金币,她还讲自己也扮演过,很好玩,我便答应下来。

在游戏里,几个人围攻抢"新娘",找机会模拟摸"新娘"的屁股、乳房等部位,"新娘"可以藏可以躲,谁摸到"新娘"的屁股、乳房等隐私部位就可以赚点数积分,最后看谁的积分高,就抢到了"新娘"。

虽然只是游戏,但玩了一半还是感觉不舒服,还要不要继续玩?

第四章 牢记在特殊情形下的安全要点

亲爱的女孩，网络上存在不少类似带点"颜色"（色情）的小游戏，你能感觉到游戏里面的相关动作让人不舒服，证明你对女孩子的身体有一定的身体自主权意识。

这种在游戏中模拟对女性身体"猥亵"的行为，其实是现实社会中猥亵女性的一个折射。

首先表明态度，我反对这类异化女性身体的行为，设置在游戏中模拟触摸女性隐私部位来赚取积分，本身就涉嫌色情活动，完全应该举报下架这款游戏。

这类游戏极易诱发线下伤害女孩的案件，曾经就有这么一个案例。

小麦（化名，女，14岁）和朋友一起玩游戏有一年多了，在网上和一个男生范某华（化名，17岁）组游戏CP（游戏情侣），在游戏里以老公、老婆相称。

得知小麦14岁生日，几个人相约在线下为小麦庆生。生日当晚，小麦、范某华和三个朋友在大排档吃饭，饭后他们计划去旅店继续开一盘游戏。打完游戏后，朋友们假装要离开，范某华借口说还有一份礼物送给小麦，要求小麦留下来。小麦答

检察官妈妈写给女孩的安全书
社 会 安 全

应了，之后范某华以甜言蜜语哄骗小麦，并和小麦发生了关系。

接下来，范某华走出房间，他其中一个朋友潘某建（化名，男，19岁）问他可否进去，意思是问他是否可以进去和小麦发生关系。范某华点点头，说了一句"随便你，你搞得定就可以"。然后潘某建进去房间，强行和小麦发生了关系。

事后，小麦在父母陪同下报案，最终犯罪嫌疑人范某华和潘某建被公安机关抓获。

在办案过程中，范某华辩解小麦是自愿和他发生性关系的，不构成强奸罪。被害人小麦也承认和范某华是游戏情侣，当晚为她过生日，以为范某华是真心喜欢她，虽然没有想要这么早和他发生关系，但因为当时范某华态度很强硬，她才答应的。但更让她没想到的是，范某华又让他的朋友潘某建进房间对她进行了性侵，这才选择了去报案。连她自己都说，假如没有后面潘某建的事情，她是不会报案的。

虽然范某华认为小麦是自愿和他发生关系的，但因为他明知道小麦当晚是过14岁生日，法律认定小麦是未满14周岁幼女，所以范某华的行为确实已构成犯罪。潘某建的行为不用说，也构成犯罪，他们都受到了法律的严惩。

但作为未成年女孩，最需要思考的是：网络游戏中做情侣，假如发展到线下见面，会发生什么样的实质风险呢？我们该怎么预防？

检察官妈妈支招

女孩在网络游戏中参加模拟女性身体被猥亵或者在游戏中组游戏CP的时候，往往容易产生一个误区：认为这只是在游戏中玩玩，不管是摸隐私部位，还是扮演情侣，都是假的，不会对自己造成什么实质性的伤害。

那么，请女孩们先问自己一个问题：如果在游戏中的"猥亵"行为或者情侣间呈现的身体行为直接发生在现实生活中，发生在自己的身上，你会接受吗？我相信女孩们的回答是"不会接受"。也就是说，我们内心在现实生活中是不愿意这样被对待的，但因为对可能发生的伤害预估不足，我们就本能地认为现实中不会发生，所以就接受了网络游戏中的那些设定。

首先，我们必须意识到，我们的生活，线上和线下并没有完全隔开，是相互交织的。 这类游戏中的模拟情况，假如发展到线下，除了女孩之外，在网络游戏中还有另外一方当事人，他会有什么样的企图呢？女孩们想过这个问题吗？

其次，我们可以通过对方当事人在游戏中主动做出"猥亵行为"或呈现"情侣关系"的行为，来认识他的内心主观状态。 即使是游戏，只

要做出这种模拟行为，当事人在思想意识层面，就有猥亵对方或想发生关系的主观故意。

假如女孩在游戏中表现的是愿意，一旦发展到线下，另外一方当事人就会很笃定认为女孩主观上是愿意的。

假如女孩内心是不愿意的，那么当女孩在线下面对的是一个有这样认知的人，那女孩被侵犯的可能性就非常大了。而其中很大的一部分风险，是女孩在玩网络游戏中可以自主选择避免的。

在小麦这个案例中，假如小麦已经过了14周岁生日，假设还是发生了上述情形，范某华辩解小麦是自愿的，即使小麦报案，想要在证据和法律上认定范某华构成犯罪则会有许多障碍。

不论是从降低女孩被伤害的风险角度，还是避免这样物化女性的角度，我们都应该拒绝参与这类游戏。

亲爱的女孩，即使是游戏，当你觉得不舒服的时候，为了自身安全，也请大胆地拒绝并退出！

女孩如何把握在游戏中男女身体接触的边界

女孩的小心思

有一天，去同学家玩，刚好同学的表哥也在，说带我们去开开眼界。同学的表哥带我们来到一个像咖啡厅的酒吧，说这叫"静吧"，是年轻人喜欢聚会的地方，可以玩电竞，可以喝酒，也可以玩扑克牌。

同学表哥带我们与一群人围坐着，大家玩一个猜扑克牌的游戏，牌用嘴巴吸着传给下一个，掉了就算输了，输了的人要和旁边的人拥抱。他们特意安排男女间隔来坐，输了就得和旁边的异性抱一下。

看起来他们玩得都很开心，不过我却觉得有点尴尬，不知道该怎么办。

| 第四章 | 牢记在特殊情形下的安全要点

亲爱的女孩，这种带点"骚扰"性质的擦边球游戏在一些聚会中常常会遇到，大部分男性不会介意，大部分女性介意但很少出声反对。有时会发生一些针对女孩的伤害事件，却经常因为证据不足的原因而得不到处理。

我的一个朋友曾经就一件类似的事情来咨询过我。

小喜（化名，女，15岁）被朋友约去外面吃夜宵，然后又和朋友的朋友一起来到酒吧唱歌、玩游戏，在玩游戏的过程中就有肢体互相接触，输了就要和男生互相抱着喝所谓的交杯酒。小喜和朋友玩得很高兴，也喝了不少酒。其中一名男生戴某文（化名，男，24岁）见小喜有点醉意，假意照顾小喜，不久，小喜不胜酒力直接扑在戴某文怀里休息起来。

后来小喜在半醉半醒的状态中，被戴某文带到隔壁的旅馆开房，戴某文趁着小喜醉酒之际和小喜发生了关系。第二天，小喜醒了之后很震惊，知道自己被侵犯了，斥责戴某文怎么可以这样做，但是戴某文却不在乎，告诉小喜说是她自己要来的，是她自愿的。

检察官妈妈写给女孩的安全书

过了一个星期，小喜还是觉得很难受，于是告诉了信任的表姐，表姐了解了事情的始末，便带小喜报了案。但是一个多月后，公安机关说证据不足，不予立案。

小喜表姐通过朋友来咨询我，听完整个过程，我只能是非常遗憾地告诉她，认定戴某文涉嫌犯罪的证据确实不足。在酒吧，现场证人的证言均证实小喜当时在比较清醒的状态下，就和戴某文肢体动作很亲密，另外小喜称自己被侵犯时是醉酒状态，当时意识不清，但因为已经过好几天了，也无法抽取血液检验了，只能证明小喜喝酒了，但无法证明血液酒精含量，相关证据无法收集。

朋友说，小喜报案后，精神状态一直不好，问我应该怎么办，最后我建议她去寻找专业心理咨询师的帮助。

听完这个案件，我们应该从中吸取怎样的教训呢？

亲爱的女孩，我们在和朋友玩游戏的时候，假如游戏设置了一些涉及男女之间身体隐私部位接触的环节，希望女孩们能提高警惕。这种环境气氛可能会很嗨，但也正是在这种气氛下，对于女孩，特别是未成年女孩，会存在许多不确定的风险。

这种场合常常因为人比较多，会让女孩麻痹大意，女孩即使内心有点反感，也很少直接拒绝。有时为了搞气氛，一些组织者还会故意怂恿旁边的人强行按照游戏设置接触对方的隐私部位，然后引起大家的哄笑。

女孩大多数会选择隐忍，一方面是顾及情面，另外一方面也是认为这样的游戏最多是"性骚扰"的擦边球，忍一忍也就过去了。其实，这类游戏往往存在着诱发更严重性侵事件的风险。

当然也有少部分女孩比较喜欢参与这样的游戏，觉得气氛嗨，刺激、好玩，对这里存在的风险也就更加没有警惕意识了。而恰恰这部分女孩

| 第四章 | 牢记在特殊情形下的安全要点

是更容易成为心怀不轨的人"猎杀"的对象。当女孩在这类游戏中表现积极的时候，心怀不轨的人就已经把目标锁定在她身上了，他们会寻找机会对女孩实施进一步的侵犯行为。

更大的弊端还在后面，女孩在遭受性侵后想报案，又会担心被对方反咬一口，如同"哑巴吃黄连，有苦说不出"。当女孩左思右想后报了案，常常又因一些关键证据难以收集，犯罪嫌疑人常常辩解是对方自愿的，并且还可以提供很多证据来证实女孩之前的行为表现就是自愿的，最后导致案件因为证据不足，无法追究犯罪嫌疑人的责任。那么，我们到底该怎么办才好呢？

首先，针对这种情况，最安全的做法当然是不参与这样的游戏。 但有时候我们并不知道游戏会设置男女隐私部位触碰的环节，参加游戏了解细节后，我们必须表明自己的态度：不喜欢这样的游戏！如果可以选择退出，就尽量及时退出！

其次，如果游戏中出现了这类环节，可以直接向对方表明自己的个人态度。 游戏本来是为了活跃气氛，当你明确表达自己不喜欢这样的方式，那对方在一般情况下也不会强人所难，会跳过让我们不喜欢的环节。

假如遇到强人所难的情况，请切记，亲爱的女孩，你的安全比情面更加重要，请勇敢拒绝！ 因为女孩选择隐忍时，在对方或一般人眼里，这个女孩就

属于比较胆小、懦弱的。在一定环境因素下，对方也就自然会心存侥幸地认为这个女孩容易得手！从另外一个角度来说，女孩的隐忍也会让被侵犯的风险增加，所以你的勇敢才能让你更加安全！

最后，提醒女孩们，假如那种万一的情况发生了，亲爱的女孩，请一定及时报案！ 及时报案可以保证公安机关更全面、更有效地搜集证据，因为一个刑事案件的定罪量刑必须经过司法机关依法取证，证据确实、充分，才能定罪量刑，犯罪嫌疑人才可以得到应有的惩罚。

如何勇敢面对意外变态惊吓？

女孩的小心思

我家离学校就几百米的距离，上了小学五年级后，我都是自己走路上下学的。升初中后学校需要上早自习，所以我早上出发的时间就提前了，晚上放学的时间也会比小学时候晚一点。

有一天早上，我走路去学校，远远地看到学校附近十字路口的路灯下，有一个穿长风衣的人，两手插着口袋，站在那里。当我路过他时，他突然说了声"小姑娘，问个路"，我一转头，他猛地把风衣打开，露出下身的隐私部位，吓得我"啊"的一声大叫着跑开，只听到他在后面大笑。

我真是被吓坏了！每天上学、放学都要经过那里，不知道他什么时候又会突然出现，我都不敢自己上下学了，怎么办？

亲爱的女孩，在走路过程中，遇到有人突然在面前暴露隐私部位，肯定会又惊又吓，我们需要先平复一下情绪。在你平复情绪之后，先听我讲个我朋友的故事吧，希望可以给你一些启发。

朋友小魏（化名，女，28岁）长得高挑、漂亮，她家离单位比较远，每次下班都需要先坐地铁，再转公交车，然后再走三四百米路程才能到家。

有一阵子，她的工作特别忙，需要加班，会比平时晚下班两三个小时，地铁站这个时间段人比较少。小魏和两个同事（也是和小魏差不多的年轻女性）一起乘坐8号线地铁，到站后，大家再各自转不同线路的公交车回家。

连续两个晚上，小魏和两个同事都看到有个穿着长大衣、长得白白净净的男士，站在地铁出口附近的遮雨棚下，双手插口袋或者双臂交叉，看着她们几个女孩经过。

小魏还和同事开玩笑说，这个帅哥是不是看上你们谁了。第三天晚上还是同样的情况，当小魏和两个同事经过的时候，

| 第四章 | 牢记在特殊情形下的安全要点

那个男士突然叫了一声:"嗨,美女。"

小魏和两个同事刚停下脚步,回头看向那个男的。突然他把自己的大衣打开,露出男性隐私部位,三个女孩吓得尖叫着快速跑开了,然后她们同时发现那个男的一边笑一边往另外一个方向逃走了。

惊魂未定,第二天她们特意叫上男同事一起陪着坐地铁,但在地铁口那儿并没有发现这个人。

事后她们讨论是否遇到变态佬,要不要报警,也不知道对于这样的事儿派出所是否受理。

小魏和女同事没有受到其他伤害,只是受到了惊吓,后来她平复之后来咨询我应该怎么办。

我说,这种选择在公共场合裸露隐私部位的人,比较少会当场直接伤害到人,不过假如他又有其他癖好就难说了,比如有可能会专门选择未成年女孩实施这样的露阴行为,或者在僻静场合有进一步的伤害行为也是有可能的。其实"露阴癖"是一种心理或者精神障碍,有点可怜,但也确实很讨厌,会吓到人,其实应该去报案。后来小魏和同事去当地派出所报案并做了笔录,一段时间后听小魏反馈还真是在另外一个地方抓到了那个人。

假如未成年女孩遇到这类情形,该怎么办呢?

有句话叫"知己知彼，百战不殆"，这种情况其实打的是一种心理战，心理上我们要战胜"又惊又吓"的情况。我们有必要了解一下有这种"露阴癖"行为的人是一种什么心理障碍。

《精神障碍诊断与统计手册（第五版）》中关于露阴障碍的描述："A.至少六个月，通过暴露自己的生殖器给毫无预料的人，从而激起个体反复的强烈的性唤起，表现为性幻想、性冲动或性行为。B.个体将其性冲动实施在未征得同意的对象身上，或其性冲动或性幻想引起有临床意义的痛苦，或导致社交、职业或其他重要功能方面的损害。"

上述描述可能比较学术，站在我们普通人角度理解，有这么几个关键点：这是一种心理障碍，是一种疾病，但同时是一种违法行为，并且有可能是构成犯罪的行为。

这种在公共场合暴露隐私部位，吓到他人的行为都是寻衅滋事行为，根据情节可能会构成违反治安管理处罚条例或者是触犯刑法的行为。

附 相关法律条文规定

★★★

《中华人民共和国刑法》第二百九十三条规定，有下列寻衅滋事行为之一，破坏社会秩序的，处五年以下有期徒刑、拘役或者管制：（一）随意殴打他人，情节恶劣的；（二）追逐、拦截、辱骂、恐吓他人，情节恶劣的；（三）强拿硬要或者任意损毁、占用公私财物，情节严重的；（四）在公共场所起哄闹事，造成公共场所秩序严重混乱的。纠集他人多次实施前款行为，严重破坏社会秩序的，处五年以上十年以下有期徒刑，可以并处罚金。

现在你知道了吧，假如遇到案例中这样的人，我们可以理直气壮地去报案！即使不能马上抓获这个人，起码可以使具有维护当地治安责任的派出所以及其他职能部门加强特定区域的巡视，保障区域安全。只有我们勇敢报案，公安机关才能进一步采取有效的侦查手段，比如调取监控录像、查访相关人员，尽快抓获当事人归案，该收押的收押，该强制医疗的强制医疗。

所以说，遇到这种情形，勇敢报案是我们应尽的义务和最有效最正确的方式方法。

我们前面讲过针对"露阴癖"的人，最重要的一点就是"心理战"。 我们表现得越害怕、越闪躲，就越是达到了"露阴癖"这种人的目的，

越能满足他们畸形的心理需求！这个时候我们可以选择反其道而行之。也就是说，假如我们内心笃定这个"露阴癖"的人的所作所为是法律不允许的，而且是在公共场合，是公众都不允许的，是大众都会反对和指责的，我们不是一个人在面对这样的不法行为，而是我们身后众多的绝大多数人一起面对！

有了这样的法律知识和心理基础，我们是不是平添了许多勇气面对呢？我们可以暂时把害怕藏起来，直接面对——呵斥对方，并马上说："我要报警！"你可以想象一下，先逃跑的会是谁？

第五章

不断学习正确保护自己的方式方法

守住底线，
让法律成为我们的保护神

女孩的小心思

我看到路牌边上有个小广告，上面写着"无痛人流，轻松做女人"，上次听说有个同学暑假去做了人流手术，也没看到她有什么事情。可是为什么姑妈说表姐结婚后很长时间不能怀孕，就是之前做了人流手术造成的？

在前面的章节中,我就表明过态度,不赞成未成年人发生性关系,更加不赞成发生没有任何保护措施的性关系。然而在我经办的一些案件或者接触到的一些事件中,还是会遇到我最不愿看到的情况。

我的朋友,妇产科的梁医生,有一天打电话咨询一件事情,说有个14岁的小女孩被家人(叔叔)领来做流产手术。她检查了怀孕情况,应该是有4个多月身孕了,但这个小女孩才刚满14周岁。梁医生说上次开会听说有个侵害未成年人案件强制报告制度,问我这种情况该怎么处理。

这个案件后来经过了解,是这样的。

小琪(化名,女,14岁)的作文写得不好,父母让她读大学的表哥的同学李某青(化名,男,19岁)来教小琪写作文。由于这个李老师是小琪亲戚介绍的,家人对其比较信任。有时候周末李某青会带小琪外出参加朗诵活动或者观看展览,只要小琪对父母说是和李老师出去,父母都非常放心。

然而,让小琪父母没有想到的是,这个李某青引诱小琪发生了关系,但小琪并没有告诉父母,因为平时家里从来不谈这

第五章 不断学习正确保护自己的方式方法

个话题，偶尔小琪问到这方面的问题，也会被母亲骂一通。

一直到几个月后，小琪发现自己怀孕了，但小琪不敢告诉父母，就告诉了李某青，问他该怎么办。李某青也害怕，不敢告诉其他人，于是冒充小琪家人，带着她去医院准备做流产手术。

这个案件实际上已经涉嫌刑事犯罪问题了，根据有关《侵害未成年人案件强制报告制度》规定，有关人员和组织，在发现未成年人遭受或疑似遭受不法侵害以及面临侵害危险的，应当立即向公安机关报案或举报。

梁医生咨询我的时候，我直接建议她向自己的领导汇报，然后再报警处理。

在过往工作经历中，未成年人意外怀孕的情况多种多样。亲爱的女孩，我们不希望发生这样的事情，但必须了解万一发生这样的事情，我们该怎么处理才能把伤害减到最小呢？

| 第五章 | 不断学习正确保护自己的方式方法

我们不希望不幸的事情发生，但万一发生了，也需要我们尽可能采取有效方式积极面对，只有这样我们才能尽可能保护自己，最大限度地减轻损害后果。

第一，我们需要了解，作为未成年人，我们在遇到一些关系到个人人身安全或其他利益等重大问题，需要我们做出重要决定的时候，我们需要得到法定监护人的同意，需要在法定监护人的监护之下才能做出决定。

《中华人民共和国民法典》第二十六条至第三十九条之规定，确立了"以家庭监护为基础，社会监护为补充，国家监护为兜底"的未成年人监护制度。当遇到未成年女孩怀孕这样严重损害身心健康、侵害合法权益的事情时，未成年人是需要得到监护的。首要的一点就是要告知父母（法定监护人），在父母的监护下，才能保障做出的决定是对女孩最有利的选择。

同时，国家对特殊情况做出了规定，对未成年人保护做一个兜底保护。在父母、祖父母、兄、姐等由于特殊原因都不能履行监护人责任保护我们的时候，国家规定了由被监护人住所地的居民委员会、村民委员会、法律规定的有关组织或民政部门担任临时监护人。也就是说，在这种特殊情况下，我们可以向这些组织寻求保护。

第二，我们需要了解，当未成年女孩意外怀孕又不得不选择终止妊娠的时候，这个医疗手术对女孩的身体是有比较大的伤害的。并且每个人的体质不同，损害后果和严重程度也不同，最严重的可能会导致其他一些并发症，比如终身不孕或危及生命。而降低这样严重后果

发生的风险，最主要的方式就是需要我们寻求父母的帮助，找到正规医院进行手术，医生和医院的资质是降低损害风险最好的保障。

而且，手术后还需要相当一段时间的休养恢复，有不少未成年女孩害怕受到责罚，而选择欺瞒父母，通过一些非正常途径，找非正规的私人诊所或者"黑医生"做手术，术后护理不到位，常常是等到酿成严重后果后才知道后悔。

第三，我们也需要了解什么是侵害未成年人案件强制报告制度。这个是国家九部委联合发出的《关于建立侵害未成年人案件强制报告制度的意见（试行）》（以下简称《意见》），于2020年5月7日开始执行。要求依法对未成年人负有教育、

看护、医疗、救助、监护等特殊职责，或者具有密切接触未成年人条件的企事业单位、基层群众自治组织、社会组织，在工作中一旦发现未成

年人遭受或疑似遭受不法侵害以及面临不法侵害危险的情况，就要向公安机关报案或举报，并按照主管行政机关的要求报告备案。比如，不满十四周岁的女孩遭受或疑似遭受性侵害、怀孕、流产的；十四周岁以上不满十八周岁的女孩遭受或疑似遭受侵犯所致怀孕、流产的。案例中小琪的情况就属于这种情形，也属于强制报告的范围。

这个《意见》的出台就是为了保护未成年人的合法权益，加大对侵害未成年人的违法犯罪的惩治力度。

了解国家保护未成年人合法权益的各项法律法规，可以让我们更有底气提高自我保护能力。

面对伤害，及时报案，勇敢保护自己

女孩的小心思

上次听大人们聊天，说某学校有个女学生被人侵犯了，抓了犯罪嫌疑人后，后来又因为证据不足被放了。我很想了解一下，这种案件发生后，怎么报案才能最大限度收集到充分证据，追究侵犯者的责任呢？

第五章 | 不断学习正确保护自己的方式方法

亲爱的女孩，当发生一件性侵刑事案件时，必须按照我国法律规定来办理。国家司法制度有它的规则和要求，要追究一个人的刑事责任，是必须讲究证据的。我在工作中和公安机关干警接触时，听说过这么一个案件。

　　有一天夜里，小颖（化名，女，14岁）很晚还没回家，家里人很着急。好不容易盼到小颖回到家了，家人看到小颖非常疲惫，衣冠不整，就问小颖发生了什么事。小颖说没什么，然后就自己进房间休息了。

　　随后的两三天里，小颖精神状态都非常不好。家里人追问发生什么事情了，刚开始小颖仍旧不肯说，不过在家人反复追问之下，小颖才讲出来。原来几天前，也就是回家很晚那一天，她和同学参加另外一个朋友的生日聚会，在聚会上，发生了她被另外一个参加聚会的男孩侵犯的事情。

　　原来，当时小颖本身不想喝酒，但架不住朋友劝酒，于是就喝了一些。小颖不胜酒力，有点头晕，同在生日聚会上的另外一个男生张某立（化名，男，19岁）见状，主动过来照顾小颖。小颖以为他是好心，所以没有拒绝。

在照顾过程中,张某立建议去另外一个比较安静的包间,这样小颖可以休息一下。于是小颖就跟着这个男生去了隔壁一个无人的包间。没想到,这个男生带小颖到包间后,就锁上了门,并在包间对小颖实施了侵犯。

小颖觉得非常羞愧,无法向朋友说出口,只好自己先回家了。回家后也不敢和家人讲,过了好几天才在家人的反复追问下讲出来。

此后,家人在一起商量了两天,才决定带小颖去报案。但是,经过公安机关的调查取证,经过查找,找到那名男生张某立,但是张某立只承认在包房唱歌、喝酒,否认侵犯了小颖。事情发生已经超过一周了,作案现场的包房已经搞过卫生了,小颖自己也已经洗澡换衣服好多次了,整个事情除了小颖的陈述之外,无法调取其他任何证据,证实张某立涉嫌犯罪的证据不足。

最后导致的一个结果就是,这个案件无法追究张某立涉嫌强奸罪的刑事责任。

刑法的存在是为了惩罚犯罪,保护人民,但必须按照法律程序对涉嫌性侵刑事犯罪立案调查,收集证据。按照刑法和刑事诉讼法的相关规定,追究涉嫌性侵犯罪者的刑事责任,并不以我们个人感情好恶为标准。所以当遇到侵犯事件后,该怎么正确报案才能让司法机关有最大可能收集到相关证据来追究涉嫌性侵犯罪者的责任呢?

检察官妈妈支招

　　第一点，当女孩子遇到这类事情之后，需要牢记：不要洗澡后再去报案。性侵案件是一种比较特殊的案件，其中一部分关键证据会遗留在被性侵对象的身上，包括可能会遗留侵犯者的精液、汗液、唾液、血液、毛发等生物样本。一旦受害女孩清洗了身体，等于把相关关键证据都给清理掉了。因为大多数性侵案件的案发现场是一对一的状态，假如关键证据没有及时收集提取，最后只剩下受害女孩一个人的口供，就会导致出现上述案例中小颖的遭遇，无法追究侵犯者的刑事责任。

　　第二点，马上告诉信任的大人，并及时报警。作为未成年人，遇到这样重大事件需要寻求父母或信任的成年人的帮助，在自己处于安全环境中后，要马上告知家人（或负有监护责任的成年人），并及时报警。

受害女孩在受到侵犯之后，在确保自己安全的前提下，在被侵犯后的初始状态下报警，公安干警会按照有关程序和规定，依法带受害女孩做身体检查，提取相关生物样本，依法取得相关证据。而这些证据才是证实性侵犯罪事实最有力的证据。

　　第三点，配合调查，如实陈述。亲爱的女孩，整个询问案件事实经过的过程，可能会让女孩心理上感到非常难受，但这是我们必须要接受的一部分。因为只有详细如实地陈述整个过程，公安机关才能调取确凿的证据，并将相关证据保存下来。

　　不要因为自己做过一些可能会被父母责骂的事情而故意隐瞒，或者故意夸大对方的动作行为等。尽可能完整地如实陈述，公安机关的侦查人员才能抓住时机调取相关其他证据予以证明。

　　另外，尽可能提供和性侵犯者之前交往的相关证据，比如通话记录、微信聊天记录、对方送的一些物品或者一些经济交往证据，只要是发生在两个人之间的交往凭证，这些都是可以提供给公安机关的。

  公安机关负有全面、客观地收集一切可以证实事实发生证据的义务。

  当一个性侵案件进入司法程序，一切都会按照司法程序来进行。国家司法机关会按照法律规定，依法办理有关性侵刑事案件，受害女孩以及父母需要在这个过程中保持理性和耐心，要信任国家司法部门会依法做出公正处理。

预防伤害，
要勇敢更要机智

女孩的小心思

上次，有个公益组织来我们学校，给我们上了一堂预防性侵的课，最后讲到面对坏人侵犯时要勇敢机智对待。讲课的老师给我们举了两个例子，其中一个是有个小朋友大喊大叫被人听到后得救了，这个小朋友非常勇敢。另一个是一个小姐姐不吵不闹一直等人来救，是非常机智的表现。那到底怎样做才是勇敢机智呢？

我们从小都很佩服勇敢面对危险,与不法行为做斗争的英雄,父母也一直教导我们遇到事情要勇敢,那什么是勇敢和机智呢?我们来聊两个案例。

晓冬(化名,女,14岁)是我朋友的女儿,喜欢漫画。暑假,晓冬父母给她报了一个简笔画培训班。在第二天上课的时候,培训班谭老师过来指导晓冬如何运笔,谭老师站在晓冬旁边,画着画着,晓冬突然觉得好像有什么东西触碰了一下自己的胳膊肘又离开了。晓冬没当回事,紧接着又出现了一次,晓冬心底觉得可能是老师的隐私部位碰到自己胳膊肘了。之后,谭老师就离开晓冬,指导其他同学去了。因为是夏天,晓冬穿的是裙子,比较敏感,她不太确定谭老师是无意间触碰到,还是有意识地触碰了自己。

晚上,晓冬打电话和她同学晓丽(化名,女,14岁)讲了这件事,晓丽建议晓冬,明天去上课的时候要特别留意一下,假如再出现这样的情况那就肯定是有意识的不良接触了,要小心;假如没有,那应该不是故意接触。

第五章 | 不断学习正确保护自己的方式方法

第二天晓冬上课时,谭老师再次来到晓冬旁边,晓冬很快就感觉到谭老师的隐私部位触碰到了自己胳膊肘。于是晓冬马上站起来说:"哎,画了这么久,累了,休息休息。"随即退后一点和谭老师保持了一定距离,然后大声说:"我爸说待会请个假,要带我去看看牙医。咦,说好三点半来接我,怎么还没到呢?"

谭老师听见她这么讲,就说"喔喔,是吗",就离开晓冬辅导其他同学去了。下课后,晓冬马上打电话和同学晓丽讲,晓丽让晓冬必须将这一情况告诉父母,后来在父母的介入下,晓冬及时退了课。

在这个案例中,晓冬和晓丽的表现都是机智勇敢的,首先她们能敏锐地感觉到什么是"性侵意味的行为",然后对此还有辨别能力,并做好了防范的准备。比如晓冬故意大声讲到自己父母会马上来接自己,实际上就是在间接警告实施性侵意味行为的谭老师。晓丽让晓冬一定要告诉父母,就是在寻求大人的帮助。

另外一个案例是这样的。

小钟（化名，女，14岁）应同学的邀请，外出为这位同学的男友庆祝生日。他们在一个包房唱歌、喝酒，没想到小钟同学的男友的朋友又叫了六七个人，"商量"带小钟她们去另外一个地方继续玩。

小钟中途想离开，但被几个人拦住了。她虽然预感情况有点不好，但觉得和同学在一起，这些人应该也不会怎么样，一时大意便没有强行离开。

唱完歌之后，小钟被人安排乘坐犯罪嫌疑人陈某庆的小车去郊外。路上，犯罪嫌疑人陈某庆侵犯了小钟，虽然小钟反抗了，但没有反抗成功，且手机也被犯罪嫌疑人丢在后座底下，后来小钟寻找机会找到自己的手机并藏在了身上。

这时候，小钟已经意识到了更大的危险。因为陈某庆开车到了养殖场后，小钟从窗外看到之前在包房唱歌的五六个人都在，小钟待在车上不愿下车，然后其中两个人强行把小钟抬下车，并带入养殖场宿舍。

这几个人已经做好准备轮流对其实施侵犯，小钟非常害怕，预感到自己性命也可能堪忧。这时，其中一个犯罪嫌疑人麦某华先行进入宿舍，房间里只有麦某华和小钟，然后小钟假意哀求麦某华，看到麦某华有点松动，小钟乘机拿出手机发出求救信息和定位，同时还哀求麦某华以拖延时间。

其间,其他人突然闯进宿舍质问小钟是否报警,小钟马上否认,还跟他们说,不信的话,他们可以查看自己的手机。原来小钟发出求救信息后就马上删除了。

在小钟发出求救信息一个小时后,公安机关根据报警信息和定位找到养殖场,当场抓获了犯罪嫌疑人六名,解救出了小钟。

这是一起相当恶劣的性侵案件,在这个性侵案件中,小钟虽然遭遇了不幸,但她的自救行为也是机智和勇敢的。小钟的情况,不单单是遭遇性侵,更重要的是也可能会有生命危险。这个时候,我们需要明白自救行为的一个原则:生命第一!

小钟第一个机智勇敢的行为是,当知道在车上无法反抗陈某庆时,不再做无谓的反抗,而是偷偷把手机找到并藏起来。因为这是她能与外界联系的非常关键的、唯一的工具。小钟第二个机智勇敢的行为是,在被关到养殖场宿舍后,哀求房间里的单个犯罪嫌疑人,并借机发出了非常关键的求救信息和定位,同时还拖延了时间。因为这个时候小钟如果激烈反抗,非常有可能危及自己的生命。拖延时间就是救自己。

4

重建心理认知，做勇敢的自己

女孩的小心思

我的好朋友自从发生了被人侵犯的不幸事情后，就不怎么敢和人交流了，总是自责，说自己做错了，长大后都会被人嫌弃的，没人会爱她了，就这样了……看到她意志这么消沉，说这么多丧气话，我很心疼，也想劝她，但又不知道说什么好……

当不幸的事情发生后,更需要我们有积极的认知去看待这样的事情。遭遇了这样的事情,虽然女孩的身体受到了一定的伤害,但更大的伤害是心理方面的。而心理上的伤害是否可以恢复,又和我们怎么看待这件事情密切相关。你的朋友说出"长大后都会被人嫌弃的,没人会爱她了,就这样了……",就是一种错误的认知。

我曾经办理过一个有着多名受害人的性侵案件。被害女孩都在8~10岁,从犯罪嫌疑人对受害女孩的伤害后果来讲,这几个女孩的程度都差不多。

案情大概如下:

犯罪嫌疑人严某利用在培训机构做助教的机会,借故轮流叫班上几名女孩去他的宿舍进行猥亵,时间持续长达半年。整个案件从案发到审理判决经过了半年时间,案件审结后一年左右,一个偶然的机会我接触到其中两家人,也接触到两个受害女孩,发现她们的区别非常大,其中一个女孩明显比另外一个看起来开朗活泼爱说话。为此,我特意和她们各自的父母聊了聊,了解到了其中的缘由,发现这一缘由和专家研究的结论是一致的。

第五章 | 不断学习正确保护自己的方式方法

　　一个女孩整个人的状态看起来就比较低落,不爱讲话,看见我来马上闪开,父母叫了很多次才肯出来。通过和父母聊天,我了解到,整个家庭对这件事绝口不提,孩子偶尔有做噩梦也不敢说,大家对一些身体隐私部位也非常忌讳,当孩子来月经后,觉得这些非常肮脏,她从来不穿裙子,但还能正常上学。

　　另外一个女孩很活泼,见到我后笑了一下,在父母交代下,还和我打了一声招呼。通过和父母聊天,了解到家里父母对孩子当时主动讲出事情非常肯定,一直在肯定孩子是一个勇敢的小朋友,并且会对孩子强调,坏人受到惩罚坐牢了等等,特别强调孩子本身没有做错任何事情。女孩非但没有觉得自己做错事,还为自己的勇敢感到骄傲。当这个女孩有了这样积极正确的认知后,她明白自己是可以为自己的生活做主的,可以开心生活、认真学习,对以后自己要做什么也充满了信心。

　　从上述例子中,我们可以看出两种不同的认知导致了两种不同的生活状态,那我们又可以从中得到什么启示呢?

第五章 不断学习正确保护自己的方式方法

检察官妈妈支招

根据专家研究得出的结论，当遭受侵犯的受害人心里有以下信念的时候，对后期的恢复会非常有帮助：我自己没有错，做错事、做坏事的是侵犯者，该遭受惩罚的也应该是他，而不是我。

我在对一个遭受侵犯的女孩做心理疏导时，观察到了由认知导致的心理变化过程。一个女孩因为自己答应和朋友外出玩而遭到侵犯，事后非常自责，后悔不该和朋友外出，不断地跟自己说，要是那天没有外出就好了。第一次疏导的时候，我让她评估这件事情，分别给自己的错、朋友的错、侵犯者的错打个分，她给自己的错打了10分，朋友有错打了6分，侵犯者的错打了8分。

当时，我带她做了一个假设性的思考，让她思考一个案例，一个人以大欺小，把一个人殴打成重伤，这个时候我们很容易就能判断是年纪大的这个人做得不对。假如我们就是那个被殴打的人，除了认为对方做错之外，我们还会觉得羞耻吗？这个女孩说不会，那如果给这几个错评分，她给受害人的错打0分，殴打人的错打10分。

之后我重新给她讲了责任分担，重新讲了法律规定，让她站在第三人的角度重新评估。最后她能认识到侵犯者才是错10分的人，朋友错了6分，自己的错是3分。这个时候她整个人明显变得轻松起来。

检察官妈妈写给女孩的安全书
社 会 安 全

我们社会中广泛存在对性的羞耻感，特别是当女性遭受侵犯的时候，往往会有人出于错误的偏见指责被害女孩。比如因为侵犯者给了女孩一些零食或者零钱等，让还没满14周岁的幼女和他自愿发生关系，这种性侵事件发生后，家长或其他人往往都会责骂该女孩是因为贪吃才导致被侵犯的，实际上女孩爱吃零食和被侵犯之间并没有直接的因果关系。

我国法律之所以会规定，明知对方是未满14周岁的幼女而与之发生关系，以强奸论处，就是因为女孩在这个年龄阶段心智发育还不成熟，对一些事情还没有辨别能力，而性侵犯者正是利用了女孩心智发育不成熟这一点，还不能正确理解发生关系的意义和后果。

对女孩进行侵犯才是真正的恶，而不是女孩贪吃零食这件事！作为受害女孩，还没有成年，心智还没发育成熟，还需要成年人的监护，她是没有任何责任的。

社会和父母从小到大都会教我们，做错事的人是要受到批评指责的，是应该受到惩罚的。做错事的、行恶的是侵犯者，受指责和惩罚

— 166 —

的也应该是他！

假如我们得到家人朋友的支持，我们要感恩；假如他们对我们有偏见，我们也不能自己放弃自己，自己责怪自己。

内疚不能给我们重新生活的勇气，经历不幸也能让我们变得更加勇敢和强大。那我们就自己为自己打气：原来，我们是可爱的自己；不幸事件之后，我们是可爱又勇敢的自己！

祝女孩们都安全快乐成长

当"检察官"和"妈妈"这个两个词连起来后,作为女儿,你们可以想象我的成长经历该多么"刺激"。

记得上小学时,同学们的读物大多是完美的童话故事,女孩们都沉浸在如童话般美好的世界里,并对这个真实世界充满美好的想象和无限的期待。而我的检察官妈妈,却会同我绘声绘色地讲述她办理过的刑事案件——女孩被强暴,小朋友被拐卖等,而且都还很"真实、刺激"。对于当时的我来说,并没有能力捕捉到所有信息并判断它们是否正确。

我记得妈妈在她的第一本新书《因为女孩,更要补上这一课》的序言有句话:"作为一名检察官和一位妈妈,育儿过程中有关性教育的话题肯定少不了,我自己也踩过不少坑,同时,也吸取了不少经验教训。"

妈妈没有说假话,因为我就是那个掉在"坑"里的女儿,妈妈也是在"可怜的我"身上汲取的经验教训。小学三年级暑假,我写了下面这样一篇日记,也算是检察官妈妈教育的"成果"之一吧。

妈妈让我去扔垃圾,我想:"万一下面有一个卖小孩的怎么办?或者更cǎn,被wā掉眼睛,被放进一个麻袋里丢进河里yān死。那些小孩都是因为自己出门而yù难的,我可不要像他们一样。"我看到lóu梯旁有好多垃圾,suí手一扔就走了。虽然很不好,但是我活着回来就很好了。

那时的我认为,身为女孩子就是不安全的,小孩子一个人出门是会被拐卖的。从那时起,我对这个现实世界的防备心便会比同龄人多出一分。或许就是因为多出的这一分防备,而避免了伤害,但也因为对外部世界保持着高度的警惕,某种意义上来说也缺失了一些对这个世界美好的向往。

不过好在我妈妈也是一位很会补坑的检察官，她曾自嘲是"补坑专家"，也幸亏妈妈后来成为"专家"，把我从"坑"里捞出来了。

在后来青春期的成长过程中，不同于平常家长日益增长的焦虑，妈妈更多的是跟我讲述这个世界所存在的美好，不断告诉我这世界并没有我想象的那么危险，试图唤起我对这个世界的憧憬。

她跟我说，这世界上不是每个人都是坏人，也是有很多好人存在的。在女孩十几岁的年龄，妈妈不可能永远在身边，假如遇到一些危险，女孩更应该学习如何辨别和做出正确判断，也就是要培养自己的自我保护能力。

随着我所经历和所知的事情越来越多，开始重新思考妈妈的教育，我也开始张开双臂，主动拥抱世界的美好。

如今我已经成长为一名大学生，在离家一千多公里的地方上学，妈妈也很放心。我可以自信地说，通过成长我具备了自我保护能力。

妈妈的"挖坑补坑"教育，路途坎坷，并不是我说得那么顺利，不过好在最终让我长出一双坚实的"翅膀"，能正确判断危险，拥有自我保护的勇气和能力。我可以自信地说，针对不同的情况，我可以做到明辨是非，不人云亦云，拥有自己的判断力。

这套书的内容是妈妈在教育我的过程中不断反思、不断完善从而提炼出来的，理所当然，我也成了这套书的第一位读者。书中的内容并不完全等同于我妈对我的教育，但她所想表达的内涵却是一致的。

从我的角度来说，妈妈教给我的知识是终身都可以受用的，也有点羡慕可以阅读到这套书的女孩们，这是检察官妈妈成为"补坑专家"之后的经验总结，你们可以通过阅读直接"避坑"了。

我相信这套书会帮助到更多即将进入或正处于青春期的女孩们，帮助大家学会在面对危险时有效保护自己，锻炼出属于自己的内在自我保护能力。

敖俪穆

2024 年 5 月 18 日